非物质文化遗产丛书

Intangible Cultural Heritage Series

龙顺成京作硬木家具

邸保忠　武良田　编著

北京市文学艺术界联合会　组织编写

北京出版集团公司
北京美术摄影出版社

图书在版编目（CIP）数据

龙顺成京作硬木家具 / 邸保忠，武良田编著 ；北京市文学艺术界联合会组织编写. — 北京 ：北京美术摄影出版社，2019.5
（非物质文化遗产丛书）
ISBN 978-7-5592-0257-4

Ⅰ. ①龙… Ⅱ. ①邸… ②武… ③北… Ⅲ. ①木家具—介绍—北京 Ⅳ. ①TS664.1

中国版本图书馆CIP数据核字（2019）第045494号

非物质文化遗产丛书

龙顺成京作硬木家具

LONGSHUNCHENG JINGZUO YINGMU JIAJU

邸保忠　武良田　编著

北京市文学艺术界联合会　组织编写

出　版　北京出版集团公司
　　　　北京美术摄影出版社
地　址　北京北三环中路6号
邮　编　100120
网　址　www.bph.com.cn
总发行　北京出版集团公司
发　行　京版北美（北京）文化艺术传媒有限公司
经　销　新华书店
印　刷　天津联城印刷有限公司
版印次　2019年5月第1版　2019年10月第2次印刷
开　本　787 毫米×1092 毫米　1/16
印　张　13.75
字　数　198千字
书　号　ISBN 978-7-5592-0257-4
定　价　68.00元
如有印装质量问题，由本社负责调换
质量监督电话　010-58572393

编委会

组织编写

北京市文学艺术界联合会

北京民间文艺家协会

序

PREFACE

赵 书

2005 年，国务院向各省、自治区、直辖市人民政府，国务院各部委、各直属机构发出了《关于加强文化遗产保护的通知》，第一次提出“文化遗产包括物质文化遗产和非物质文化遗产”的概念，明确指出：“非物质文化遗产是指各种以非物质形态存在的与群众生活密切相关、世代相承的传统文化表现形式，包括口头传统、传统表演艺术、民俗活动和礼仪与节庆、有关自然界和宇宙的民间传统知识和实践、传统手工艺技能等，以及与上述传统文化表现形式相关的文化空间。”在“保护为主、抢救第一、合理利用、传承发展”方针的指导下，在市委、市政府的领导下，非物质文化遗产保护工作得到健康、有序的发展，名录体系逐步完善，传承人保护逐步加强，宣传展示不断强化，保护手段丰富多样，取得了显著成绩。第十一届全国人民代表大会常务委员会第十九次会议通过《中华人民共和国非物质文化遗产法》。第三条中规定“国家对非物质文化遗产采取认定、记录、建档等措施予以保存，对体现中华民族优秀传统文化，具有历史、文学、艺术、科学价值的非物质文化遗产采取传承、传播等措施予以保护”。为此，在市委宣传部、组织部的大力支持下，北京市于2010年开始组织编辑出版“非物质文化遗产丛书”。丛书的作者为非物质文化遗产项目传承人以及各文化单位、科研机构、大专院校对本专业有深厚造诣的著名专家、学者。这套丛书的出版赢得了良好的社会反响，其编写具有三个特点：

第一，内容真实可靠。非物质文化遗产代表作的第一要素就是项目内容的原真性。非物质文化遗产具有历史价值、文化价值、精神价值、科学价值、审美价值、和谐价值、教育价值、经济价值等多方面的价值。之所以有这么高、这么多方面的价值，都源于项目内容的真实。这些项目蕴含着我们中华民族传统文化的最深根源，保留着形成民族文化身份的原生状态以及思维方式、心理结构与审美观念等。非遗项目是从事非物质文化遗产保护事业的基层工作者，通过走乡串户实地考察获得第一手材料，并对这些田野调查来的资料进行登记造册，为全市非物质文化遗产分布情况建立档案。在此基础上，各区、县非物质文化遗产保护部门进行代表作资格的初步审定，首先由申报单位填写申报表并提供音像和相关实物佐证资料，然后经专家团科学认定，鉴别真伪，充分论证，以无记名投票方式确定向各级政府推荐的名单。各级政府召开由各相关部门组成的联席会议对推荐名单进行审批，然后进行网上公示，无不同意见后方能列入县、区、市以至国家级保护名录的非物质文化遗产代表作。丛书中各本专著所记述的内容真实可靠，较完整地反映了这些项目的产生、发展、当前生存情况，因此有极高历史认识价值。

第二，论证有理有据。非物质文化遗产代表作要有一定的学术价值，主要有三大标准：一是历史认识价值。非物质文化遗产是一定历史时期人类社会活动的产物，列入市级保护名录的项目基本上要有百年传承历史，通过这些项目我们可以具体而生动地感受到历史真实情况，是历史文化的真实存在。二是文化艺术价值。非物质文化遗产中所表现出来的审美意识和艺术创造性，反映着国家和民族的文化艺术传统和历史，体现了北京市历代人民独特的创造力，是各族人民的智慧结晶和宝贵的精神财富。三是科学技术价值。任何非物质文化遗产都是人们在当时所掌握的技术条件下创造出来的，直接反映着文物创造者认识自然、利用自然的程度，反映着当时的科学技术与生产力的发展水平。丛书通过作者有一定学术高度的论述，使读者深刻感受到非物质文化遗产所体现出来的价值更多的是一种现存性，对体现本民族、群体的文化特征具有真实的、承续的意义。

第三，图文并茂，通俗易懂，知识性与艺术性并重。丛书的作者均是非物质文化遗产传承人或某一领域中的权威、知名专家及一线工作者，他们撰写的书第一是要让本专业的人有收获；第二是要让非本专业的人看得懂，因为非物质文化遗产保护工作是国民经济和社会发展的重要组成内容，是公众事业。文艺是民族精神的火烛，非物质文化遗产保护工作是文化大发展、大繁荣的基础工程，越是在大发展、大变动的时代，越要坚守我们共同的精神家园，维护我们的民族文化基因，不能忘了回家的路。为了提高广大群众对非物质文化遗产保护工作重要性的认识，这套丛书对各个非遗项目在文化上的独特性、技能上的高超性、发展中的传承性、传播中的流变性、功能上的实用性、形式上的综合性、心理上的民族性、审美上的地域性进行了学术方面的分析，也注重艺术描写。这套丛书既保证了在理论上的高度、学术分析上的深度，同时也充分考虑到广大读者的愉悦性。丛书对非遗项目代表人物的传奇人生，各位传承人在继承先辈遗产时所做出的努力进行了记述，增加了丛书的艺术欣赏价值。非物质文化遗产保护人民性很强，专业性也很强，要达到在发展中保护，在保护中发展的目的，还要取决于全社会文化觉悟的提高，取决于广大人民群众对非物质文化遗产保护重要性的认识。

编写“非物质文化遗产丛书”的目的，就是为了让广大人民了解中华民族的非物质文化遗产，热爱中华民族的非物质文化遗产，增强全社会的文化遗产保护、传承意识，激发我们的文化创新精神。同时，对于把中华文明推向世界，向全世界展示中华优秀文化和促进中外文化交流均具有积极的推动作用。希望本套图书能得到广大读者的喜爱。

2012年2月27日

序

PREFACE

张德祥

在我童年的记忆里，天坛外碧波荡漾的金鱼池畔，总有锯木声"嗡嗡"震响。老人告诉我那是龙顺成在开料做家具。

上中学时，我每天经过林立老店铺的鲁班馆街，常见到龙顺成师傅们修整精美的古旧家具。据说那多是千年京城皇宫王府留下来的宝贝。

工作后，我有幸经常流连于龙顺成的家具大库。无数精美的古老家具使我迷恋震撼，给我知识，助我成长。后王世襄先生告诉我，他书中的藏品也多来自龙顺成的旧藏。

龙顺成因地利之便，不仅承接了千年帝都所聚存的家具遗珍，更继承了历代皇家制器的王者文脉。这文脉是集合了中国几千年制器经验和各地方流派的家具技艺之长，所浓缩成的珍贵非物质文化遗产。

正是历代龙顺成人，用令人崇敬的大工匠精神，在传承着中国古典家具文明。我熟悉的祖连朋师傅就是龙顺成里众多具有高尚工匠精神的"老人"之一。继为王世襄修家具之后，我就请他来给我修家具，我这几件"棘手"的古家具全是装在麻袋里的残散部件，看上去像一些烂柴。经祖师傅一个夏天精心的修复，竟现出了迷人的古韵光彩。不管是宏观韵致还是精微细节都令人赞叹称绝。“三伏天”老先生在斗室中躬身汗流，晨昏琢磨，不问报答。整整一个夏天，竟将几百对散乱缺失的散碎部件对号拼合，修补严整。使这些几近陈朽的家具残件焕然重生，再复古韵。这真可谓是“点土成金”的神技了！

这就是龙顺成精神：尊重传统，精研技艺，诚实敬业。

如今，优秀的中国古典家具文化之风已普及社会，惠泽人心，在新的社会经济文化环境中，我们更要坚持弘扬龙顺成人代代传承沿袭下来的这份珍贵的文化遗产，使这百年馨香永继流传！

今日社会，对传统文化的回归和对工匠精神的尊重，已成人心共识。我欣喜地看到，百年龙顺成紧随时代潮流，在上级领导的倡导和支持下，建成了“龙顺成厂史文化展厅”“非物质文化遗产传承人工坊”“古典家具制作工艺展示线”等一系列宣展企业文化的项目场所，把传统的制作场地，变成了宣展传承中国古典家具文化遗产的文化殿堂，可谓古树新枝，令人鼓舞！相信今后在龙顺成人上下同心的努力下，这块百年神店的金字招牌，定会更加夺目地放出更新更亮的光彩！

谨以为序。

2018 年 12 月 8 日

（张德祥：中华木工委专家委员会主任）

序

PREFACE

高自强

京作，源自宫廷。皇帝参与设计，亲王督办实施，清宫造办处的杰出匠人们以高超的技艺、精益求精的态度，制作出留存百年的家具精品。这些家具，见证了历史，记录了王朝兴衰，饱含着文化，承载着中华文明。

龙顺成是国家级非物质文化遗产京作硬木家具制作技艺的唯一传承单位，这是一种荣誉，更是一份责任。

自清同治元年（1862 年）创办至今，龙顺成已经有了 157 年的历史；由龙顺字号，到龙顺成更名，再到合并义盛、福记、同兴和等 35 家桌椅铺；历经龙顺成木器厂、北京市硬木家具厂、北京市中式家具厂、北京市龙顺成中式家具厂，直至现在的北京市龙顺成中式家具有限公司；虽然历史进程时有起伏，然而持续经营，无一间断，实属不易。

如今，京作非遗迎来了重要的发展机遇，国家立法、资金支持、技艺传承、人才培养……在文化复兴和传统手工艺振兴的大背景下，龙顺成未来的发展令人期待。

《龙顺成京作硬木家具》一书的编辑和出版，兼容并包，内容广泛但不乏深度。全书系统地梳理了龙顺成的发展历史，以及“京作硬木家具制作”这一非遗技艺所包含的专有概念、独特造型、纹饰含义、榫卯特点、技艺绝活等众多内容。书中的内容是龙顺成京作技艺百年来积累总结的集中概括，是首次出版发行，希望对京作硬木家具非遗技艺的传承和发展做出一些贡献。

京作硬木家具制作技艺的保护和传承注定是一个长期过程，虽然历经几代人的不懈努力，仍需全体龙顺成人牢记使命，奋进前行；同时，京作硬木家具制作技艺的振兴与发展，更离不开大众的参与和支持；展望未来，前途光明，期待与君，一路前行。

本书的编写得到了北京市文学艺术界联合会、北京民间文艺家协会、北京市东城区非遗保护中心和北京出版集团的大力支持，特别是石振怀、武良田两位老师，专业严谨，为了本书的出版费心尽力。还有龙顺成的邸保忠、吴海峰、王雪君、胡文杰、高海松、王文光等同事，在各自负责的板块认真负责、无私奉献、精益求精。在此对全体参与人员的辛勤付出表示衷心感谢！

2018年12月8日

（高自强：北京市龙顺成中式家具有限公司经理）

前言

FOREWORD

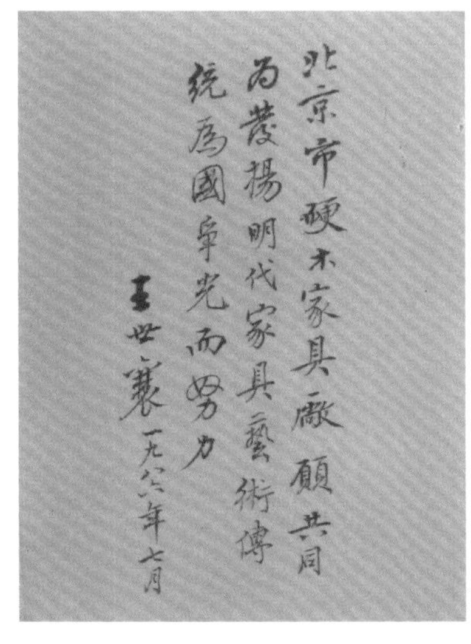

◎ 1986年7月，文物专家王世襄先生为“龙顺成”亲笔题词 ◎

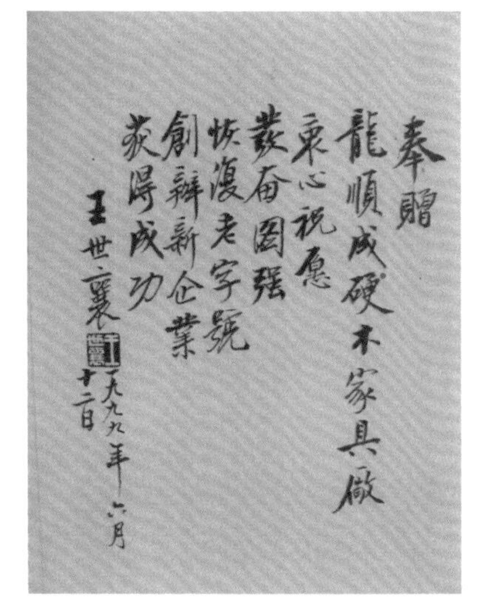

◎ 1999年6月，文物专家王世襄先生为“龙顺成”亲笔题词 ◎

中华文化博大精深，红木家具的历史更是源远流长。红木家具作为中国独有的文化艺术品，千百年来，凭借其古朴典雅、和谐温婉的人文内涵，静穆雅致、淳朴端庄的艺术性以及外柔内刚、细密凝重的品质为世人所推崇。红木家具是中国家具标志性符号，以其独特的魅力传承和发展着中华民族的传统文化之美。红木和历史相碰撞出的火花足以让世人震撼，而其中最闪亮的火花当数红木家具。它不仅是一件艺术品，还是一个历史的延续者。

家具的发展史也同人类社会发展史一样，是不断演变和进步的。家具的发展与变化取决于人们生活方式的变化和家庭形态的变化，集中体现着人们的文化、风俗习惯、民族传统，具有鲜明的时代性。中国红木家具之美，历来为世人所称道，它不仅为中国大众所喜爱，还备受国际友人的青睐。中国红木家具完全由名贵天然木材制成，视觉、触觉优良，是纯正的绿色环保产品。精美的红木家具作为一种器物不仅仅是每个家庭中不可或缺的日常用品和陈设品，它除了满足人们的使用功能，还反映了一个时代的精神和丰富的文化内涵。

中华民族具有五千年文明历史，中国的木制家具“雏于商周，丰满于两宋，辉煌于明清”。木制家具在新石器时代就已经存在，在商周至三国时期，由于青铜器的发展和一些简单金属工具的出现，使人们将木制材料制成家具成为可能，并由此诞生出一些矮形家具。到魏晋南北朝至唐代，矮形家具开始逐渐向高形家具过渡，出现了椅、凳等家具。在唐代初期，社会稳定，人们生活安定，生活质量开始提高，在这种背景下，制作出来的家具显现出了浑厚、稳重、讲究的特点，豪门贵族家庭中的家具花色比较丰富，在装饰上也更加华丽，并开始出现复杂的雕绘花饰。唐末至五代，士大夫和名门贵族们以追求豪华奢侈的生活为时尚，家具的发展初步完善，出现了直背靠背椅、条案、屏风、床等家具，完整简洁的形式为中国家具的进步打下了基础。到了两宋，家具已经有了很大的发展与进步，其家具形态也基本确定。宋代家具的发展和繁荣，为明式家具的完美奠定了基础。

经过几百年的发展和改进，特别是到了明代，家具的制作、造型更趋完美，品种齐全。明式家具造型简洁、质朴，不仅有流畅、隽秀的线条美，还突出了含蓄、高雅的意蕴美，不经雕琢，不加修饰，就充分显示出了天然木材的自然美，其精练、明快的造型和科学合理的榫卯结构，使之又产生了耐人寻味的结构美。清式家具是指雍正、乾隆之后的硬木家具，在造型和装饰上与明式家具在风格上有了截然不同的特点；在家具整体上比明式家具宽大、厚重；装饰上色彩多样，采用多种材料、多种工艺技法，强调家具整体的装饰美，营造出一种豪华、富丽、大富大贵的效果。明清时代是我国家具史上最辉煌的时代。

清朝末年，红木家具开始走向衰败。这一时期是整个中华民族历史的转折点。首先，当时的中国政治腐败、国库亏空、外敌入侵、民不聊生，红木家具这种成本高、工艺烦琐的贵重家具逐渐无人问津，宫廷造办处的许多制作家具的能工巧匠被迫转行，另谋他路。其次，由于过度地乱砍滥伐，使生长周期很长的红木资源日渐稀少，濒临灭绝。同时，因当时的中国社会正处于剧烈的变革时期，人们的审美意识开始求新求变，这就使得古色古韵的红木家具开始走向衰败。

红木家具起源于明代。明代初期，我国航海事业有了很大的发展，郑和奉命率领远航船队，先后七次出使西洋，在日后的几百年中，对中国人的日常生活产生了直接影响，也使得红木家具成为我们日常生活中重要的一部分。相传郑和七下西洋，途经越南、印度、苏门答腊和非洲东海岸等多个地方，给这些国家带去了中国的丝绸和瓷器，而在每次回国时，为了避免偌大的船只在海面上风雨飘摇，郑和一行人在途经东南亚等国时，砍伐了当地的红木作为压船木来给货船压重（因红木分量重，正好作压舱之用）。回到中国上岸后，这些压船用的红木就被丢弃在了岸边，成为无人问津的废材。后来，部分民间百姓无意中尝试着用这些压船木材来制作家具，才发现了其中的价值和奥妙。因其木质坚硬、结构细腻、纹理好，在能工巧匠的雕琢下制作成了家具、工艺品及园林设计建筑等，在坚固程度和美观实用等方面都超越了前代，因此，这种优质木材就成为专供皇宫帝后们享用之物。后来，随着航路的开放，大量红木输入。随着明王朝的覆灭，红木家具才流散到民间，成为高官富贾追捧之物，但普通老百姓依然无缘接触。正是郑和从盛产高级珍贵木材的南洋诸国运回了大量的花梨、紫檀等制作家具的原材料，促进了明中期以后直至整个清代红木家具的发展，也正是这些名贵木材，将中国古代家具数千年的历史推向顶峰。明清家具的独特魅力成就了红木的王者之气，而红木也以它的凝重、素雅演绎了明清家具在中国传统家具史上的辉煌时代。

古典家具是中国悠久灿烂的艺术文化中的一颗璀璨的明珠。古典家具的价值不仅服务于人的使用价值，还凝聚着在特定环境下形成的各个时期不同的艺术风格，综合反映了不同历史阶段的生产发展、生活习俗、观念意识、审美情趣以及科学技术和物质的发展水平。

目录

CONTENTS

第一章 京作硬木家具概说

京作硬木家具制作技艺诞生于北京皇城，形成于明、清时期，与苏作、广作并称为中国硬木家具的三大流派，具有家具中的“官窑”之称。

◎ 黄花梨双层亮格柜 ◎

北京作为明、清两代的皇城，当时在宫内设有专门制造宫廷家具的机构，明代叫作“御用监”，清代称为“造办处”，来自全国各地的能工巧匠们会聚于此，为宫廷的设施、摆饰制作各式各样的硬木活计，这些物品工艺精良、结构完善，件件都是珍贵的艺术品。

京作硬木家具制作技艺是在明、清宫廷家具发展过程中逐渐形成的。明代宫廷御用监多用江南一带工匠，主要流行质朴、典雅、文秀的

◎ 紫檀雕龙书案 ◎

苏作风格。广作风格的融入，以及由于帝王审美喜好的变化，宫廷家具逐渐追求厚重的造型、庞大的体形，更加注重家具的陈设效果，纹饰吸收了夏、商、周三代古铜器和汉代石刻艺术的有机营养，并将各种龙凤纹样巧妙地装饰，广泛使用祥瑞题材，形成了具有雍容、大气、绚丽、豪华、繁缛的富贵气象的京作硬木家具风格。特别是根据北方地区气候干燥的特点，使用独特的烫蜡工艺，在对木材起到保护作用的同时，又充分显示出木材的自然美。

京作硬木家具制作到清代的康熙、乾隆年间达到鼎盛，嘉庆、道光以后，随着宫中各处殿堂家具的逐渐齐备，清宫造办处制作家具的活计也大大减少，宫中的许多工匠为了生活渐渐流落于民间，开办木器作坊，其中大部分集中在北京城东南角（原崇文区）的东晓市鲁班馆周边。

清末民初，北京城东南角原崇文区的龙须沟、金鱼池一带地势偏僻，是劳动人民聚居之地，住房简陋，生活条件十分清苦。附近的晓市大街又称东大市，是当时北京有名的夜市。在晓市大街附近有一座供奉木匠祖师爷鲁班的庙宇，香火甚胜，人称“鲁班馆”。在鲁班馆的周边几条胡同里，有大大小小35家木器作坊和店铺，集中了北京大批木匠师傅，其中不乏许多技艺超群的能工巧匠。这些工匠中有许多是清宫造办处活计减少后

◎ 20世纪90年代末，龙顺成老艺人李永芳、张祠文重游鲁班胡同 ◎

流散于民间的工匠师傅，他们能制作各式各样的"京作"硬木家具，对于继承和发展中国的传统家具起到了承前启后的历史作用。

第一节

明、清家具艺术风格

中国传统家具历经五代、辽、金、宋、元时期的发展，已渐渐进入中国家具发展的完整时期，随着家具与人们日常生活方式的相互适应，效仿大木作古建筑的各类榫卯结构日趋成熟，为日后中国家具黄金时代的发展打下了坚实的基础。从此中国传统家具步入了最为鼎盛时期——明式家具、清式家具。

一、明式家具

明式家具是指制作于明代至清代前期，材美工精、典雅简朴，具有特定造型风格的家具。明式家具以结构上的合理化与造型上的艺术化，充分地展示出简洁、明快、质朴的艺术风貌，并善于将雅俗融为一体，雅而致用，俗不伤雅，达到美学、力学、功用三者的完美统一。

明式家具的整体结构以框架式样为主要的形式，呈现有束腰和无束腰两大结构特征。无束腰家具以圆腿侧足为主，造型简练稳重。有束腰家具方腿直足，或三弯腿或鼓腿，形体敦厚而显得庄重秀丽。这两种造法，给人以虚实相间、方正稳重的感受，成功地体现出科学性和艺术性融为一体的造型美。

明式家具在造型上的另一特色是讲究线条美。它不以繁缛的花饰取胜，而着重于家具外部轮廓的线条变化，集中了直线与曲线的优点，柔中带刚，虚中见实，各呈其姿，给人以强烈的线条美。线脚的变化和运用是明式家具线条造型的另一体现。线脚是指家具边框边缘的造型线条。通过平面、凹面、凸面、阴线、阳线之间不同比例的搭配组合，形成千变万化的几何形断面，达到鲜明的装饰效果，极富艺术情趣。

明式家具的装饰手法善于提炼，精于取舍，主要通过木纹、雕刻、镶嵌和附属构件等来体现。在选料上，十分注意木材的纹理，凡纹理清晰好看的“美材”，总是放在家具的显著部分，格外隽永耐看。雕刻手法主要有浮雕、透雕、浮雕与透雕结合及圆雕等多种，其中以浮雕最为常用。雕刻题材十分广泛，雕刻的部位大多在家具的背板、牙板、牙子、围子等处，常做小面积雕刻，以少胜多、工精意巧的装饰效果格外引人注目。

中国传统家具从明代至清前期发展到了顶峰，因这一时期的家具采用了质密坚硬的硬木材料，在制作上榫卯严密精巧，造型上简练典雅，风格独特，并具有时代风貌与特色，制作年代又以明代为主，因而被称为“明式家具”。

明式家具的特色主要有：

（1）造型简练（稳重、大方，比例尺寸合度）；

（2）结构科学严谨（榫卯精密）；

（3）用材考究（精于选料配料，重视木材本身的自然纹理和色泽）；

（4）装饰适度（繁简相宜，雕刻及线脚装饰处理得当）。

二、清式家具

清式家具是指雍正、乾隆之后的硬木家具，在造型和装饰上与明式家具风格截然不同。清式家具的发展大致分为三个阶段。

第一阶段，清初至康熙初。这一阶段的工艺水平，工匠的技艺，家具造型、装饰等，都是明代家具的延续，处于对前代的继承期。

第二阶段，康熙末，经雍正、乾隆，至嘉庆。这一阶段社会政治稳定，经济发达，家具生产不仅数量多，而且还逐步形成了特殊的、有别于前代的风格和特点，也就是“清式家具”风格。

第三阶段，道光以后至清末。这一阶段是清式家具延续和发展的重要时期。

在用材上，清代中期以前的家具，特别是宫中家具，常用色泽深、质地密、纹理细的珍贵硬木。其中以紫檀木为首选，其次是花梨木和鸡翅木。用料讲究清一色，各种木料不混用。为了保证外观、色泽、纹理的一致和坚固牢靠，有的家具采用一木连做，而不用小材料拼接。清中期以后，上述三种木料逐渐缺乏，逐渐以红木代替。

在装饰方面，为了追求富贵豪华的装饰效果，充分利用了各种装饰材料和工艺美术手段，可谓集装饰技法之大成。但有些清式家具为装饰而装饰，雕饰过繁过滥，也成了清式家具的一大缺点。

清式家具采用最多的装饰手法是雕刻、镶嵌和描绘。雕刻刀工细腻入微，以透雕最为常用，突出空灵剔透的效果，有时与浮雕相结合，立

◎ 清式托泥圈椅 ◎

体效果更好。镶嵌在清式家具中运用更为普遍，其中珐琅技法由国外传入，用于家具装饰仅见于清代。描金和彩绘也是清式家具的常用装饰手法，吉祥图案是清式家具最常用的装饰题材。

清式家具以清中期为代表，总的特点是品种丰富，式样多变，追求奇巧；装饰上富丽豪华，并吸收外来文化，融会中西艺术；造型上突出沉稳、厚重的雄伟气度；制作上汇集雕、嵌、描、绘等高超技艺；品种上不仅具有明式家具的类型，而且还延伸出诸多形式的新型家具，使清式家具形成了有别于明式家具风格的鲜明特色。

清代中叶以后，家具逐渐转向造型厚重，形体庞大，雕琢繁缛，与明式家具有着截然不同的风格，因此，在我国家具史上将之称为“清式家具”。

清式家具的特色主要有：

（1）造型厚重（体态丰硕）；

（2）用材充足（不惜工本）；

（3）装饰华丽（追求华丽）。

中国家具三大流派

明、清家具是中国红木家具中的典范。明式家具造型优雅、内敛、不求张扬，有内涵、文人气十足，这与当时的文化是分不开的。清式家具造型张扬、夸张、追求华丽、极尽人工，富丽堂皇是它要达到的标准。经过数百年的发展，明、清家具日渐完美，达到了中国家具艺术的巅峰。

在明、清家具的鼎盛时期，家具制作成为社会上最流行的行业之一，全国各地都纷纷开设家具作坊从事家具生产，既有日常生活实用性家具，也有为满足上层社会需要精心设计制作的优质家具。但是，因其地域之间、文化背景、生活习俗、审美意识的差异，形成了不同的家具风格体系。苏作家具、广作家具、京作家具因其形成于不同的历史时期，受到不同社会环境及审美观念的影响，在用材、工艺、造型、风格等方面都有各自鲜明的艺术特色及独特魅力，从而将中国传统家具艺术推向全盛，并对后世家具制作有着深远的影响。

一、苏作家具

苏作家具是指以苏州为中心的长江下游地区制作的硬木家具。苏作家具形成较早，是宋代家具艺术的代表，是明式家具的发源。苏作家具在用料方面以俊秀著称，特点是格调大方、简练，造型优美，线条流畅，比例适度，精于用材，是明式家具风格的佼佼者。

明、清时期，江南的文人士大夫们热衷于修建园林，其数量为全国之首。这些文人士大夫通常都有极高的文化修养和审美品位，在家具制作过程中或是亲自绘制图样，或是全程亲临监制，因此，苏作家具饱含了文人性情。苏作家具造型简约大方，线条流畅，尺寸合理，在设计上吸收了宋代家具风格。在用料上主要以黄花梨、紫檀等木材为主，这些木材坚硬质密、色泽独特、纹理优美。由于这些木材大多是通过海上贸易所得，可以说是来之不易，所以工匠们在制作过程中都精打细算，慎之又慎。设计者们往往首先根据木料的大小，顺应木材的形状，合理地设计出相应的家具造型，做到木尽其用。长此以往，就养成了一种非常严谨、一丝不苟的职业操守。

由于文人士大夫们对家具创作的躬身参与，苏作家具有着深厚的文化内涵。在修饰手法上，通常以浮雕、线刻、嵌木、嵌石等手法为主，其内容题材多取自名人画稿，以松、竹、梅、花鸟、山水多见，并喜用草龙、方花纹、灵芝纹、鱼草纹及缠枝莲等图案，而镶嵌材料多为玉石、象牙等名贵材料。其高雅的气韵和浓厚的文化内涵一直为世人所推崇。

苏作家具历史悠久，传统深厚，在家具的造型、装饰、工艺等诸方面，都有着与众不同的独到之处。

二、广作家具

广作家具是指以广州为中心，广东地区制作的硬木家具。广州地处我国门户开放的最前沿，是东南亚优质木材进口的主要通道，同时，两广有着中国贵重木材的重要产地。得天独厚的条件促进了广式家具的发展。清代中期以后，这里异军突起，成为清式家具最著名的产地。其用料粗壮，造型厚重，追求木性、木色一致，用料清一色，各种木料互不掺用，出现了很多用料清一色、一木所制的家具，这就是著名的“一木一器”。

广作家具在造型、结构和装饰上吸取了西方元素，其造型标新立异，千姿百态，在装饰雕刻手法上也呈西化的倾向，尤其是装饰题材非常丰富，追求华丽、奢侈，运用了很多西方文化元素。在家具的镶嵌方面技艺独特，可谓一绝。在文化元素上，因较早接触西方文化，从造型、雕刻图案到家具的形式，都有挥之不去的西洋符号。广作家具中的镶嵌技艺独步一时，堪称一绝。

广作家具的大气和豪华备受清代皇室的偏爱，为满足皇室生活需要，清宫造办处专门承担木作制作，大量招募广作硬木家具制作工匠轮班进京，这也是京作家具流派形成的前奏曲。

三、京作家具

京作家具是指北京地区上层社会的家具，即宫廷木作作坊在京城制作的家具。它以黄花梨、紫檀和红木等几种硬木原材料制作的家具为主。

由于宫廷造办处财力、物力雄厚，制作家具不惜工本和用料，装饰追求华丽，镶嵌金、银、玉、象牙、珐琅等多种珍贵材料，非其他家具制作可比，充分体现了浓郁的宫廷贵族文化。其讲求威严奢华、雍容华贵，彰显皇族的王者风范，从而使京作家具形成了气派豪华以及与各种工艺品相结合的特点。京作家具造型线条遒劲，大开大合，豪华尊贵，气韵庄严，带有典型的皇家风格。

京作家具是在苏作家具、广作家具的交融下产生的，但作为宫廷家具，京作家具风格一方面吸收了苏作家具简约之风和广作家具华丽之气，另一方面也逐渐向追求富丽豪奢的皇家风范发展，在皇权尊严的潜意识下，京作家具也带有骄矜、奢靡的习气。京作家具在法度严谨和整体协调性上令人叹为观止，也是其他家具流派所无法企及的。在修饰方面，内容独具风格，它吸收了商代青铜器和汉代石刻艺术，并巧妙地装饰在家具上，使其在注重传统文化内涵上，形成了自己独特的风格。同时，根据家具造型的不同特点，而施以各种不同形态的纹饰，显示出古色古香、文静典雅的艺术形象。常用的纹饰有象征天子身份的图腾，如夔龙、夔凤、蟠纹、螭龙纹，以及兽面纹、蝉纹与勾卷纹等，这些不同形态的纹饰古朴典雅、肃穆高贵，是京作家具的重要闪光点。

京作家具是对传统手工工艺的继承和发扬，素有线条挺拔、造型严谨、典雅秀丽、彰显皇家威仪风范等特点。

第三节

京作硬木家具特色与美学思想

京作家具保留了明、清传统造型、科学合理的榫卯结构和烫蜡工艺，选材精良，做工精细，工艺考究，结构科学，在复杂多变中兼顾美观与牢固，不仅有实用价值，而且具有很高的艺术与收藏价值。其使用独特的烫蜡工艺，较好地达到了健康、环保的目的，在对木材起到保护作用的同时，也能够充分显示木材的自然美。与京戏一样，京作家具也是文化融合的产物。京作家具的造型风格介于苏作家具和广作家具之间，比苏作家具要宽大，比广作家具更为精巧。线条挺拔、曲直相映，力求简练、质朴、明快。

一、京作家具技艺特色

京作硬木家具在长期的历史积淀中，成为极具中国家具艺术特色的传统技艺，它用自己的方式记录了历史的发展，成为中国历史发展进程中不可或缺的重要组成部分。

1. 用料讲究，功能合理

京作硬木家具均采用质地优良、坚硬耐用、美观大方、富于光泽的珍贵木材制成。经过几百年的演变和发展，经过长期的推敲、改进，已达到了符合人体使用功能上的要求，具有很高的科学性。

2. 不同工艺技法的综合运用

京作硬木家具制作技艺是典型的精工细做，在变化中求统一，雕饰精细，线条流畅。采用榫卯结合，做法灵妙巧合，牢固耐用，从力学角度来看具有很强的科学性，加上珍贵的原材料、精细的选材、复杂的结构、庄重典雅的造型、细腻美观的雕饰，使之具有雕绘满眼、绚烂华贵的特点。

3. 制作技艺复杂，工序繁多

京作硬木家具制作工艺本身就相当复杂，制作一件京作硬木家具，要经过对原材料的选择（尤其是对各种不同材质的木材的不同纹理、色泽的选择搭配。使用经过精心选择搭配的材料制作的家具，其纹理和谐，色彩一致，才能给人以艺术的美感和视觉的享受）、造型设计、木工制作、装饰及打磨烫蜡处理等工序，大大小小的工序加起来有几十道，技艺要求也十分严格。

4. 造型、结构、纹饰极为讲究

京作硬木家具造型典雅、厚重，结构上讲究中正对称，纹饰精细繁缛，吸收了夏、商、周三代古铜器和汉代石刻艺术的有机营养，将各种龙凤纹样巧妙地加以运用，并广泛使用祥瑞题材，显示出瑰丽、繁华的富贵气象，加之中国传统家具在使用摆设上的长幼有序、尊卑有序，共同构成了京作硬木家具的泱泱皇家气派。尤其是使用独特的烫蜡工艺，充分显示了木材的自然美，是真正的环保家具，具有较高的保值增值及收藏价值。

5. 榫卯结构、镂雕、烫蜡技法的充分运用

京作硬木家具具有“百年牢”的美誉，其秘诀之一就在于其独特严密的榫卯结构设计，每一个结构设计都融入了能工巧匠们的灵感和智慧。镂雕是把各种纹饰巧妙地展现在家具上，达到相互映衬，相得益彰。烫蜡工艺是京作家具制作技艺中的绝活儿，烫蜡后的家具，再经过擦蜡打光，表层光亮洁净，而且为日后的保养与修复提供了极大的方便，非常适合北方地区干燥的气候。

6. 集实用、观赏、保值于一体

年代久远、品质高超的中国传统红木家具是中外收藏家梦寐以求的珍品，加之红木资源有限，红木的生长周期又非常长，有的可达上千年，因此，物以稀为贵的红木家具将越来越具有独特的魅力。

二、京作家具之美学

龙顺成京作家具在美学上具有独特的艺术性、欣赏性和收藏性，这

也折射出中国传统文化的浓厚底蕴和文化内涵。

1. 木质活性美

京作家具选用的原材料是紫檀木、黄花梨木、红酸枝木、花梨木等世界上最为名贵的木材，这些珍贵木材经过恰当干燥处理后，仍会随着气候变化产生微小缩胀，这叫作木性。古人顺应其特性，将木头视为活物，特别是在制作家具时，精心研究利用其木质的活性美，在家具结构设计上给予释放和缓冲的空间。

◎ 木质活性美 ◎

2. 造型古典美

每件京作家具都称得上是经典之作。明清家具的造型与硬木的纹理、质地相配恰到好处，和谐委婉，具有高雅的格调。

◎ 造型古典美 ◎

3. 结构自然美

京作家具非常讲究自然美，在结构方面不用一颗钉子，不靠胶，各部件之间的连接均以榫卯结构的方式组成一体，不仅有控制木材变形、缩胀的功能，更有经久耐用之功效。

◎ 结构自然美——抄手榫 ◎

4. 技艺人文美

珍贵的硬木家具都是手工制作，这就赋予了家具人文美（人性味）。然而一件相同的家具样式图样交给不同的工匠制作，却能做出不同的美学味来，每件家具都是制作者技艺、人品、素养甚至脾气、性格的真实反映。

◎ 技艺人文美 ◎

第四节

龙顺成京作技艺保护价值

京作硬木家具的制作技艺融入了苏作和广作家具的制作技艺，同时在家具演变和制作过程中，兼顾吸收了古铜器和汉石刻艺术的有机营养，并把这些古代艺术的精华体现在家具中，充分体现了帝王贵胄的审美喜好，追求厚重的造型、庞大的体形，形成了雍容大气、绚丽豪华的京作家具风格，具有极高的价值。

（一）艺术价值

京作硬木家具保留了传统的造型、榫卯结构和烫蜡工艺，用料精良，做工考究，品位高雅，体现了其独特的艺术价值。传统的京作硬木家具制作技艺诞生于北京皇城，形成于明、清，作为宫廷艺术，其庄重典雅、细腻美观、大气内敛、高贵含蓄的风格，体现了皇家的审美趣味，作为历史名片，也反映了那个朝代的硬木家具制作技艺的状况。京作硬木家具作为一种物质载体，承载着诸多非物质文化的信息，承载着古都文化的意蕴，在某种程度上体现了中华民族的文化传统，也是当时各个层面的历史、文化的见证。

（二）经济价值与社会价值

20世纪60年代始，龙顺成作为京作硬木家具制作技艺传承的代表，为外贸工艺品公司来料加工制作了大批的硬木家具产品。特别是“三线绣墩”“如意绣墩”“五腿花台”等产品，出口美国、古巴及北欧、东南亚等国家和地区，成为国家出口创汇的重要产品。

随着对外开放的经济政策，京作硬木家具以其明快大方、文气典雅、古色古香的风格，在世界家具市场占有一席之地，为东方文明大放光彩做出了贡献，为祖国和人民争得了较高的荣誉。

近年来，应文物保护单位的要求，利用其传承的制作技艺，先后为颐和园延赏斋复制了“清代乾隆九屏风”，为香山勤政殿复制了“清代朝服雕龙柜”，为北京全聚德帝王厅、首都博物馆、北海团城等制作了大量仿明清古典家具，同时还为多个驻外使馆制作了硬木家具，不仅增进了世界人民对于中华民族优秀传统文化的了解，也促进了我国与各个国家和地区之间的文化交流。

（三）历史价值与学术价值

京作硬木家具制作技艺历经明、清、民国，文化积淀深厚，继承并综合了中华民族的多种优秀传统文化，其制作技艺和家具产品本身就是一部沉甸甸的历史。

京作硬木家具制作技艺中的榫卯结构和烫蜡工艺为研究中国传统硬木家具提供了范本，也为其他各类家具制作技艺提供了可供参考的资源，具有很高的科学研究价值。

第二章

「龙顺成」的创立与发展

第一节

“龙顺”的创立

源远流长的中华文明造就了中国家具。尤其是在宋、元基础上发展起来的明、清家具，达到了中国家具艺术的巅峰。

乾隆在位的60年期间，既是清朝的盛世，又是清由盛而衰的转折时期。因为用工用料的不厌其精、不计其贵、不嫌其繁，使京作硬木家具的制作达到了登峰造极的地步。雍正、乾隆两朝皇帝都留下了为数不少的关于家具器物制作的谕旨，谕旨中的内容充分地显示了两位帝王对制作细节的挑剔与用工选料的严谨。随着号称“万园之园”的圆明园在乾隆年间完成修造，紫禁城宫中各处殿堂家具也逐渐齐备。到了嘉庆、道光年间，清宫造办处制作家具的活计大幅度减少，宫廷中的许多工匠为了生活逐渐流落于民间，开办木器作坊，自谋生路。这些匠人作坊大部分集中在京城东南角的贫瘠之地东晓市一带。

据侯式亨所著《北京老字号》记载，从清宫造办处出来流落到此的一位王姓木匠，凭着高超精湛的木工手艺，于清同治元年（1862年）在晓市大街的鲁班馆附近开办了一个木器小作坊。王木匠毕竟有过造办处的经历，或制作，或修缮，口碑一直都不错，上面的主事官吏对他也颇为赏识，所以在自谋生路时，他就给自家名号沾了个“龙”字的边，起了个“龙顺”的字号。王木匠的木工活计因为用料实在，用工仔细，器物造型大方得体，产品质地坚固耐用，所以深受用户赞许，很快就赢得了“百年牢”的美誉。除了自制木作家具销售，王木匠还时不时地借了从前曾在造办处行走的光，接一些清宫廷大内的木工活儿，比如修理修缮破损松动的硬木家具，以及按照宫廷要求的式样制作少量的家具木器，等等，就这样不停歇地一直干到了清光绪二十八年（1902年）。为拓宽经营，适应民间百姓的需求，王木匠还将宫廷风格的硬木家具融于民间家具，使之很快就成为一个知名度很高的品牌。

“龙顺”在生产制作上遵循的是“质量为重”，恪守“信誉为要”的经营原则。那时生产出来的产品没有商标，“龙顺”在白茬家具制成后，将“龙顺”的字样用大漆写在家具腿部或较明显易见之处，并漆在漆内，永不脱落，以此为标记。

◎ 百年方桌 ◎

“龙顺”售出的家具并无产品保单，但在规定的时间内、特定的条件下出现了质量问题，如开裂、脱漆、变色、虫蛀等，可无偿保修、保退、保换（“三保”）。在家具制作过程中，每一件产品的暗处都标有操作者的代号，出现了质量问题以便查找，追究责任。选料和配料都是固定且技术高超的操作者，以保证产品的质量，不丢信誉，并能节约材料。“龙顺”在经营上恪守“宁肯生意不做成，信誉也不能丢失”的原则，除制作固定式样、尺寸的家具，也接受用户的特殊订货，如特殊房间、特殊布置需要的家具或是特殊用途的家具。这类定制家具更是要保证质量，恪守时间约定。“龙顺”在长期的竞争和相互排挤中靠质量和信誉取胜。从同治到光绪年间，是“龙顺”的起步阶段。

“龙顺成”的成立

“龙顺”的字号虽然有了，买卖也比较红火，除养家糊口外倒还有些富裕，但想要赚到大钱还是相当困难。清光绪二十八年（1902年），王木匠想借钱来扩大营业规模，可由于自己的买卖太小，没有人肯借钱给他。最后经人介绍，吴姓和傅姓两家木器作坊愿意合伙投资入股，但条件是字号要改。经过三家多次商量，王木匠在百般无奈之下，决定把原来的“龙顺”字号改为更加大气的“龙顺成”字号，叫“龙顺成桌椅铺”。“龙顺成”名称的出现，标志着王、吴、傅三位东家的三足鼎立。这一格局一直延续到20世纪50年代初。此番重新组合有利于壮大桌椅铺的总体实力，便于更好地应对市场的压力。有了三家优势互补的联手举措，该店铺的硬木家具制作更是朝着锦上添花的道路发展，并进一步在品种、质量上狠下功夫，最终形成了自成一体的工艺化流程。首先，把好头道关，即认真选材，以达到完美无瑕、质量过硬的高标准；其次，注重每道工艺考究精细、环环相扣，绝不能出纰漏。此外，他们还就每种产品在构思、造型上开动脑筋，既要坚持家具坚固耐用为立足市场之本的原则，又要体现中国传统硬木家具的高文化品位。

据龙顺成老艺人李永木著《龙顺·龙顺成·硬木家具厂厂史资料》记载：吴姓和傅姓两家入股后，投资银圆，购置店铺门面房一处，门脸五间纵深四间约200平方米，前店后厂，作坊占房20多间。厂址坐落在有名的龙须沟金鱼池北侧岸，店铺坐南朝北，背靠金鱼池，正面临街为晓市大街（也称东大市）。因为东家从原来的一家变成了三家，为了便于管理，名号崭新的龙顺成推行了经理人制度，聘任邢玉堂为经理，全权打理作坊的生产与销售，三家享受股东权利，不参与经营业务，在用人上均由邢玉堂经理独自负责。邢玉堂故去后，改由魏俊富为经理。随着生产与管理的专业化分工，家具制作水准逐步提高，龙顺成的产品以质量可靠闻名于京城。此时，龙顺成桌椅铺不但继续为宫廷制作、修理硬木家具，而且还不断拓宽经营面，重视社会发展的需求变化，经营品种越来越丰富，有八仙桌、六仙桌、二屉桌、架几案、条案、厨柜、钱柜、立柜、连三、方凳、官帽椅子、罗圈椅子、箱子，等等，龙顺成成为当时京城日用家具制作的翘楚。在兼顾制作、修理硬木家具的同时，龙顺成还设计开发出适应百姓家庭使用的榆木大漆家具，因其造型美观大方，制作精良，质量坚固耐用，油漆光亮延年，而名声大振。一般中产阶级家庭的室内摆饰、闺女出阁的嫁妆，都使用这种家具，很多人都以拥有龙顺成制作的硬木家具为自豪，就连一般家庭也积蓄银钱，买上一两件使用。

为了取信顾客，龙顺成在制作每件产品时，仍沿用以前的做法，就是在产品的明显处，如桌子腿、大柜的左侧或立柱上，写上“龙顺成”三个字，用漆涂好，作为永久的标记。这既是对买家的负责，也是对产品的承诺和自信，同时也意味着这件产品的出处可不是无名之辈，在行内是有一号的。

龙顺成的榆木擦漆产品之所以受到大众的欢迎和社会的承认，是由于它一贯坚持质量第一、信誉至上的经营原则。店里制定的严格的工艺流程是保证产品质量的关键。在取材上，它所使用的木料以榆木为主，辅助木料还有枣木、椴木、柳木等。第一道工序是木料的干燥。木料干燥分风干、烘干两个过程。自然风干一年，把风干后的木料码放进火洞中，一火十五天，共烘烤三次，使木料的含水量大大降低，以达到成品不走形、不开榫、不断裂的程度。第二道工序是木工制作。龙顺成的木工，从开料到制成成品都由一人负责到底。每做成一件产品，制作的人都要在桌椅的底部、柜箱的背面等，写上自己的工号，以便负责到底。如产品需雕刻花样，还要加一道雕刻的工序。最后是上漆。龙顺成制作的榆木家具在上漆上讲究“一油三漆”，先上一道桐油，经过约一月风干，再上三道漆。经过一年的风干（俗话“年漆月油”）后，桌椅等产品呈鲜艳的枣红色，防潮湿，不怕热水烫，越使用越光亮。

因此，顾客宁愿多花钱，也要买龙顺成的桌椅，都说龙顺成的桌椅

“百年牢”。更有人添枝加叶地说：龙顺成每做好一件桌椅都要把桌椅放在房上，让它从房上滚摔下来，桌椅大多安然无恙。这虽是传说，但也说明龙顺成的产品坚固耐用是有口皆碑的。

由于各种省工省料的新式家具的出现，龙顺成的榆木擦漆家具自1945年后，逐渐走向了衰落之路。1949年前，龙顺成的生意一天不如一天，桌椅等产品费工、费料，一件榆木擦漆家具从原料自然风干到完工交活儿，需用近两年的时间，同轻巧的新式桌椅家具相比，就显得老旧了很多。龙顺成陷入了改产没资金、生存无保障的困境。正在走投无路的时候，北平迎来了和平解放。

第三节

“龙顺成”的创业

一、率先参与公私合营

中华人民共和国成立初期，由于国家机关、团体、学校急需大量的家具，东晓市大街一带的店铺作坊就承揽了大量的家具加工订货。木器作坊开始全面复工，生意也开始红火起来，工人、学徒的温饱问题得到了基本解决。

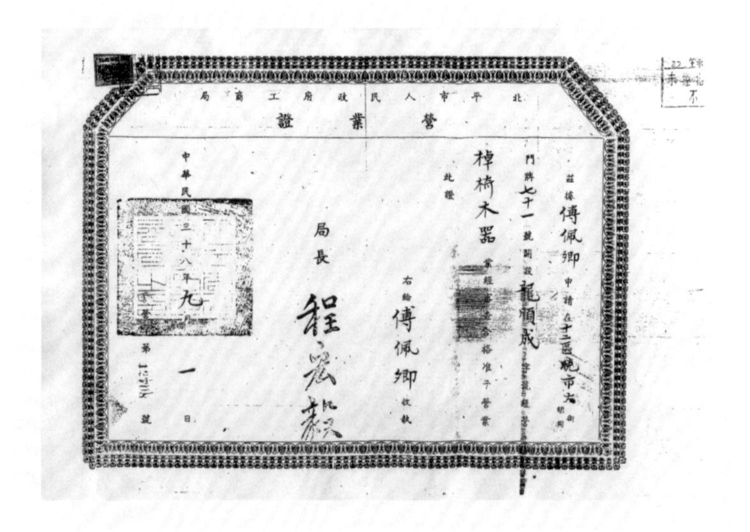

北平市人民政府工商局
營業證
茲據傅佩卿申請在十三區晚市大街門牌七十一號開設龍順成棹椅木器
此證
右給傅佩卿收執
局長 程
中華民國三十八年九月一日

◎ 1949年9月北平和平解放后核发的营业执照 ◎

1956年，中国共产党对农业、手工业、资本主义工商业进行社会主义改造，东晓市大街一带店铺作坊的掌柜在木材工业同业公会（资本家掌柜的同行业组织）召开了有关公私合营的动员会议，在全行业公私合营的思想准备工作完成之后，开始了一段繁忙的清产合资工作。同年，蜗居在鲁班馆胡同一带的龙顺成桌椅铺被批准公私合营，与修理和生产硬木家具的兴隆桌椅铺、同兴和硬木家具店、义盛桌椅铺、元丰成桌椅

◎ 20世纪50年代初龙顺成职工加入北京市总工会入会志愿书（一）◎

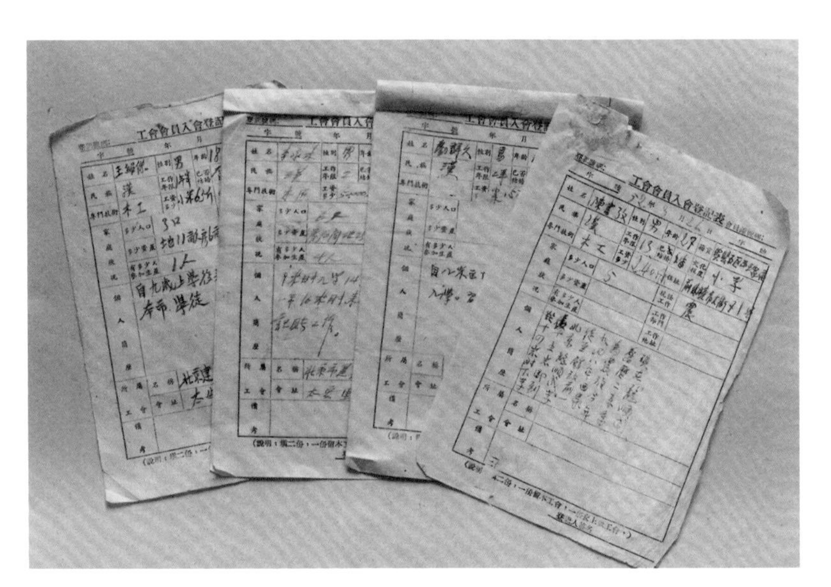

◎ 20世纪50年代初龙顺成职工加入北京市总工会入会志愿书（二）◎

铺、宋福禄木厂等大小35家生产经营传统家具的作坊铺面合并。合并之后，众人公推名气最盛的“龙顺成”为大一统的名号，定名为“龙顺成木器厂”，厂址设在晓市大街48号，隶属北京市木材工业公司，1958年，隶属北京市崇文区工业局，1960年，再次划归北京市木材工业公司领导。

从铺到厂，这既是对传统的落后生产力的扬弃，也意味着与时俱进的先进生产关系的确立。公私合营前，35家私营店铺的产品主要有箱柜、桌几等一般民用家具，樟木箱（柜）、梳妆台（柜）、镜盒、首饰盒等嫁妆家具，以及榆木大漆家具，此外，还收售一般民用家具及硬木家具进行修理改制。名义上虽然合营并厂了，但公私合营以后的新“龙

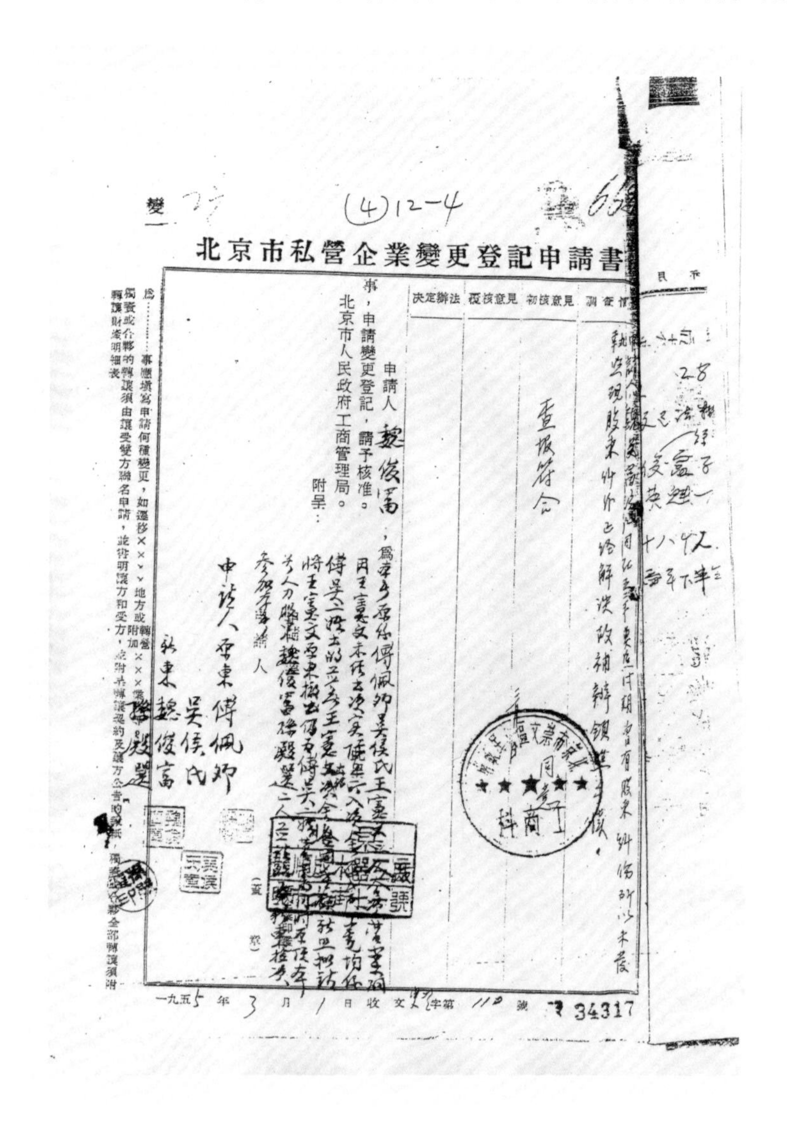

變 (4)12-4

北京市私營企業變更登記申請書

調查情形	初核意見	覆核意見	決定辦法
		查核符合	

申請人 黎俊富

事，申請變更登記，請予核准。

北京市人民政府工商管理局。

附呈：

申請人 傅佩卿 吴侯氏 黎俊富

一九五5年 3月 1日 收文 字第 112 號

34317

◎ 公私合营变更登记申请书 ◎

顺成”的生产和门市销售还是分散经营的。合并初期，厂房简陋，生产以手工操作为主，产品主要分为两大类：一类是承制机关团体的家具订货，生产民用普通家具，同时，还制作少量的小件仿明硬木家具，生产规模比较小，主要产品有沙发桌、套四几、灯挂椅、扶手椅等，所用材料多为红木、花梨木、铁梨木等名贵木材；另外一类是收购、修理旧家具和制作硬木家具。这一时期，为进一步保护和发展硬木家具的传统工

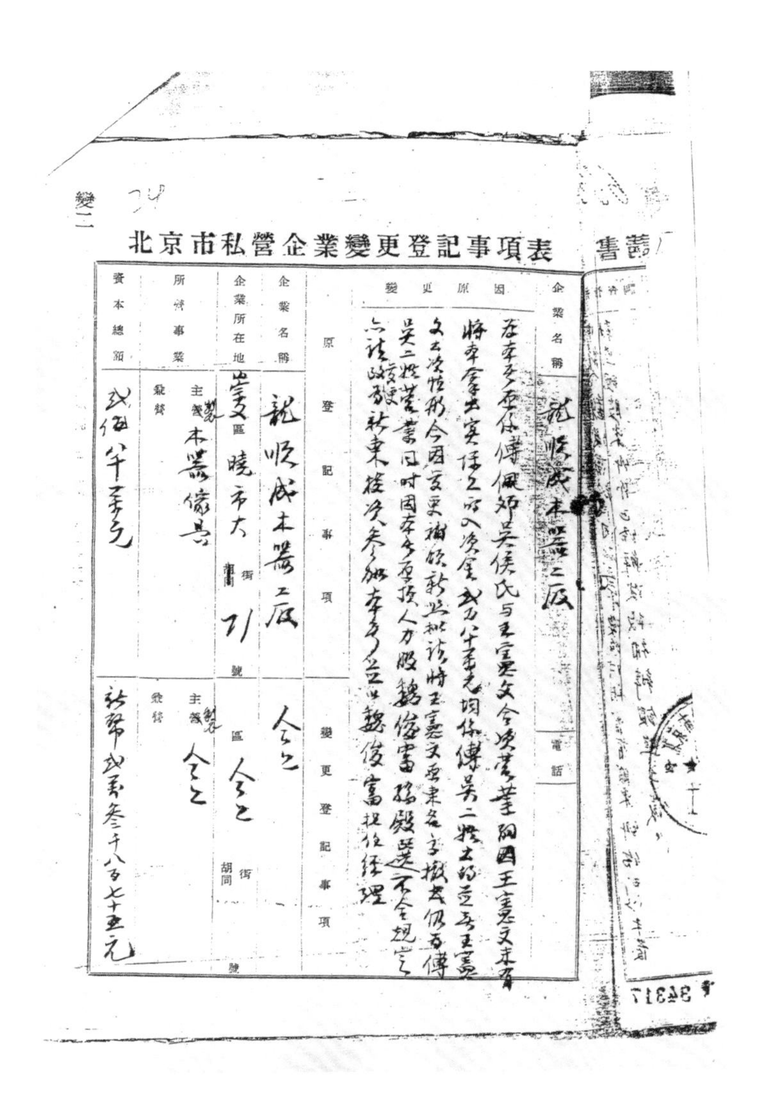

北京市私營企業變更登記事項表

	企業名稱	企業所在地	所營事業	資本總額
原登記事項	龍順成木器工廠	區 曉市大街 71號	主要 木器傢具	
變更登記事項	仝上	仝上	主要 仝上	新幣貳萬叁千八百七十五元

變更原因

企業名稱：龍順成木器工廠

◎ 公私合营变更登记事项表 ◎

艺，龙顺成木器厂在区委的领导下，发扬自力更生、艰苦创业的精神，调整了产品结构，使古老的硬木家具生产制作的传统手工艺有了进一步的发展和提高。

据龙顺成老艺人李永木著《龙顺·龙顺成·硬木家具厂厂史资料》记载：公私合营并厂后，正式职工180多人，其中私方人员40多人，临时职工20多人，总计职工200多人。但生产场地和门市销售均分散在十多条街巷，门牌号就占了50多个，其中，大部分工人合并后集中在原龙顺成鲁班馆一带。公私合营以后，1956—1957年两年的时间，工人生产积极性很高，生产稳步上升，产品品种有所增加，产品花样不断改进，产品价格低廉，具有一定的竞争力。例如，单门大衣柜67元，木板凳6.5元，木方柜3元。家具的实用效率逐步提高，经济效果显著，月产值稳定在3.5万~4.5万元。

◎ 1956年硬木工段工人留影 ◎

1958年，国家公布了社会主义建设总路线，极大地调动了工人建设社会主义的积极性和创造性，技术革新热情高涨。在纯手工操作的基础上，龙顺成试验成功了一些适合当时生产的大小圆锯、多头开榫机、平刨、压刨、打眼机等，初步实现了用机器代替部分手工操作，提高了生产效率。工人编成歌谣进行颂扬：

◎ 1958年硬木车间二组留影 ◎

推开长江千层浪，

踢倒拦路万重山，

改变笨重体力劳动，

木工机器自己干。

敢想敢说又敢干，

革命干劲冲破天，

木工机器造成了，

处处出现新鲁班。

二、恢复、调整硬木家具制作

1959年，经北京市崇文区政府和北京市木材工业公司联合决定，将龙顺成木器厂制作柴木家具的工人们整体调整到北京市木材厂，将原本专门从事修理旧硬木家具和研制仿明式硬木家具生产的工人队伍单独保留，继续延续老的京作硬木家具生产和维修工作。这单独保留下来的40多名制作硬木家具的工人队伍，就成了京城里继承传统京作家具的唯一血脉，这也使古老的硬木家具制作的传统手工艺有了进一步的发展和提高。龙顺成从此开始专注于硬木家具的制作与修缮。同时，北京市木材工业公司任命李永芳为龙顺成木器厂党支部书记，陈书考为龙顺成木器厂厂长，负责维修中央机关及市属机关的硬木家具，为中央机关和市属机关服务。

1963年，为了发展和扩大硬木家具的生产，市木材工业公司决定：将龙顺成迁址到崇文区永定门外大街64号新厂址。新厂址呈方形，面积10000平方米，厂房建筑一幢，约500平方米（原是北京市木材厂的一个锯材车间），还有几间简陋的平房。迁厂时，厂长陈书考亲自指挥并参加大干，几十人全部出动，人拉肩扛，借用了一辆汽车，利用星期日，一天之内就把迁厂任务顺利完成，保证了生产的正常运转。

面对刚搬迁到的宽阔场地，问题随之而来。厂内杂草丛生，破烂成堆。机加工、木工、雕工、油工（烫蜡工）、机修等几个工种都挤在一个大厂房里，不仅相互干扰，还影响生产。对此，厂长陈书考提出："我们要艰苦创业，自力更生，靠我们自己的力量，自己动手改变厂容厂貌。"经过全厂职工的努力奋战，仅用三年的时间，几十名职工利用公休日，整修了厂区的土马路和篮球场，因陋就简修建了1000多平方米的车间、职工食堂、集体职工宿舍、办公室、仓棚等，各工种不仅可以分开车间生产了，而且厂容厂貌也有了很大改观。迁到新厂址后，龙顺成就开始了新产品的研究和生产。当时转产硬木桌椅困难很多，一是缺乏原材料，二是缺乏制作硬木家具的生产经验。对此，厂长陈书考提出：没有原材料，就用旧硬木桌椅拆改制作；缺少经验，就采用照猫画虎的办法试着做。同时，厂里还兼顾修理库存的旧硬木家具。厂内职工劲头很足，陈书考厂长与原私营制作硬木家具的掌柜们一起，在纸上画草图，在胶合板上放大样，设计并制作出大量具有民族特色、仿明式的京作硬木家具。这一时期， 企业职工在产品的设计和造型上，继承和发扬了明式古老家具用料考究、做工精细、线条流畅、典雅古朴的造型风格，形成了自己京作家具的独特风格，为仿明式硬木家具的发展奠定了基础。同时，龙顺成在这一时期完成了从以收购、修理旧家具为主，转为以生产制作新硬木仿明式家具为主的过程，产品也从小件产品逐步向成套家具发展。

三、硬木家具走出国门，成创汇大户

20世纪60年代初，经与北京市工艺品进出口公司多次洽商，龙顺成作为传统中式家具制作企业得到了进出口公司的大力支持，其制作的京作硬木家具在1963年的广交会上一亮相就引起了外商的踊跃订购。企业配合进出口公司信守合同，保证产品按期、保质交货。同时，还根据进出口公司提供的产品信息，不断设计并改进新产品，较快地适应了国际市场的需求。如法国茅兰德公司在广交会上订购的一批硬木家具，品种多、数量零散、交货时间紧，为了保持企业信誉，全厂开展“大干茅兰德”的活动，圆满地完成了任务，受到外贸部门和外商的好评。在以后的数十年里，京作硬木家具的出口数量越来越多，源源不断。

京作硬木家具打入国际市场，给企业带来了一定的经济效益，在积极努力设计开发硬木家具新产品的同时，企业还利用几年的时间，发动职工开展义务劳动，进一步整修了车间、职工食堂、宿舍、仓库等多种设施，厂内的生产条件逐步得到改善，生产规模也得到逐步扩大，初步形成了硬木家具制作完整的工艺流程，并制定了北方第一部硬木家具工艺技术规范要求。

20世纪70年代初，中美开始贸易往来，以美国为首的欧美市场开始向中国订购工艺美术品和硬木家具。中国的工艺美术品和硬木家具一登陆欧美市场，马上就成了欧美市场上的热门货，并出现了现货被抢购一空，期货供不应求的局面。京作硬木家具以“仿明式”而著称于国际市场，并一直享有盛誉。

20世纪60年代初期至80年代初期，龙顺成为外贸工艺品公司来料加工，制作了大批京作硬木家具产品，成为北京市出口传统家具的专业制造企业。这一时期的龙顺成，内部负责生产的工人队伍主要分为三个班：木工一班、木工二班、修旧班。前两个班负责生产红木新家具，修旧班负责修缮回收来的老旧家具，最终的成品通过外贸公司出口或者对外销售。按照计划经济时期的要求，这时的生产企业完完全全成了外贸公司的生产车间，外贸公司有驻厂员一年365天长期驻厂监督生产，外贸公司负责提供木材原料，指定款式，产品对外出口与结汇，生产厂家在统购统销的大环境之下埋头生产，完全依附于外贸企业。

据统计，龙顺成为外贸工艺品公司来料加工制作了大批京作硬木家具产品，特别是“三线绣墩”“如意绣墩”“五腿花台”等产品，出口到美国、古巴及北欧、东南亚等20多个国家和地区，成为国家出口创汇的重要产品，并在广交会上得到外商的广泛好评和赞誉，为国家创造了大量珍贵的外汇收入，并把中国古典文化韵味十足的中式家具带到了世界各地，在对外文化交流中发挥着重要作用。

1966年，龙顺成更名为“北京市硬木家具厂”。这个时候的北京市硬木家具厂，有大约50位京作硬木家具行当里传承下来的行家里手，而且还积攒了大量历年收购、公私合营后收集在一起的传统京作硬木陈年老家具精品实物和残缺部件，这就使得龙顺成的京作硬木家具生产有了正宗的制作工艺和现成的教科书，成为京作家具文化在龙顺成继承和发扬的根本。

◎ 三线绣墩 ◎　◎ 五腿花台 ◎

这期间，龙顺成的工业总产值由每年的60万元迅速发展到600多万元，实现利润由每年的不足5万元发展到120多万元。与此同时，龙顺成还为钓鱼台国宾馆、中南海配置了经典家具。

四、挽救珍贵文物家具

1966年“文化大革命”开始后，大量硬木家具遭到了丢弃和损毁，其中不乏大量国家历史文物。在这一时期，龙顺成职工以高度的政治责任感和主人翁态度，始终坚守岗位，努力生产，使企业仍有一定程度的发展。其间，陈书考厂长本着对古典家具的挚爱，毅然向上级有关部门打报告，请求由龙顺成来作为存放被扔掉的古典红木家具的收集点。得到上级批准后，他决定修建2000平方米仓库（共建成东库、南库、西库，并于1970年前后竣工），存放这些古旧红木家具。至此，这些名贵的明、清古典家具就有了一个完美的“安身之所”，避免了国家财产的重大损失，为硬木家具的生产和发展奠定了一定的基础。在此期间，企业人员增至百余人，龙顺成的生产从没有间断过。

龙顺成在自我发展过程中，也带动了村镇集体经济的发展。20世纪60年代中期，先后在河北省的东光县、武邑县、冀县、三河等村镇中建立了加工点，以产品为纽带，形成了以厂为中心的加工协作关系，促进了企业的发展，形成了更大的生产能力。

1959年，龙顺成为北京“十大建筑”之一的人民大会堂甘肃厅制作了黄花梨沙发、茶几；20世纪60年代末，全国第一台“北京牌”电视机诞生，龙顺成设计制作了五台黄花梨木电视机柜；20世纪70年代，龙顺成为毛主席纪念堂设计制作了金丝楠木水晶棺罩和底座等。

第四节

“龙顺成”的发展

20世纪70年代末至80年代初期，是龙顺成生产经营形势马鞍式变化的时期，硬木家具出口经历了一个热胀冷缩的过程。1978年前后，在世界出现“中国热”的情况下，硬木家具出口的生产规模不断扩大。到了1982年前后，国际市场上的“中国热”开始减退，硬木家具出口受到严重的影响和制约，产品出现积压，使企业陷入困境。根据国际市场和国内市场的变化，企业及时调整了经营方针，提出了“两条腿走路”的经营方针：一是继续维持外贸出口家具；二是瞄准国内市场，开拓民用家具市场。龙顺成组织技术力量，开发国内高级宾馆、饭店的家具市场，设计制作了具有民族风格的高档家具，受到宾馆、饭店的欢迎，走出了一条具有现代使用功能和明式家具造型风格相结合的家具新路，给企业带来了生机。

◎ 李永木所著一书封面 ◎

据龙顺成老艺人李永木著《龙顺・龙顺成・硬木家具厂厂史资料》记载：进入20世纪80年代后，由于受国家外贸经济体制改革及国外市场变化等因素的影响，硬木家具国外市场订货减少，龙顺成也再次面临着发展的严峻考验。当时，厂长赵清海等领导在探讨企业发展出路时，出现了两种截然不同的意见：一种认为，硬木家具是僵尸，出口逐渐萎缩，应转向民用市场，生产普通民用家具；另一种认为，传统的硬木家具是弘扬我国古典家具艺术的国粹，不但不能丢，还要继续发扬光大，守住这一传统的民族文化。两种意见孰是孰非？这是一个不能简单回答的问题。在经过反复探讨、市场调研的前提下，企业领导班子做出了在保持传统古典家具制作的基础上，实行“硬形柴体”的发展策略：以硬木（花梨木、红木等进口材料）家具之形，用国产曲柳、山榆等硬杂木为体，生产仿硬木家具。发展目标的确立，促进形成了产品内销的强势劲头，弥补了外贸出口带来的缺憾，企业由此踏上了良性循环之路。

一、以质量求发展，向质量要效益

20世纪80年代初，北京市建材工业总公司质量监督站对龙顺成制作的76—48中餐椅进行质量抽查，发现油漆、刨光不符合工艺要求，被定为二类产品。究其原因有二：一是企业外协单位所为，二是多批销售时甩下的。但他们没有推脱责任，而是从强化产品质量监督入手，进一步明确了专职检验人员的职责。为加强质量管控，制定了相关措施。

一是对外协单位制作的产品严把质量关。龙顺成自20世纪60年代起，就建立了不少外协加工单位，这些外协加工点多由从厂内退休的工人管理，对外协加工制作的活儿监督、检查不严，现指定专人监督检查，发现问题，及时制定措施解决。

二是加强工序巡检。定期对车间和外协加工点进行巡检，对生产中出现的问题在生产过程中加以解决，并在上下工序间建立质量信息传递制度。

三是注重产品外观质量的提高，一抓机加工的准确性，二抓装配工组装的严密性，三抓油工（烫蜡）表面处理的细腻性。

四是严格执行成品保管工作中的奖罚制度，保护产品者奖，人为造成产品受损者罚。

五是全员开展QC教育培训，增强职工的质量意识。

这些措施执行后，收到了显著的经济效益和社会效益。

1985年，北京市硬木家具厂和北京市中式家具厂合并，更名为北京市中式家具厂。新组成的北京市中式家具厂占地面积达5.6万平方米，建筑面积1.7万平方米。主要产品有传统的硬木家具和优质高档中式家具。这些产品吸收了明代家具的线条特色，加工考究，雕刻细腻，造型美观

◎ 1977年，木工一班先进集体 ◎

◎ 1977年，油工（烫蜡）先进集体 ◎

古朴，有较高的文物收藏和艺术欣赏价值，在国内外一直享有盛誉。合并后，全厂共有职工600多人，有分别位于东城区、西城区、宣武区、崇文区的9个门市部（分别是厂内门市部，东四南大街36号、38号门市部，永外大街64号门市部，王府井门市部，鼓楼东大街164号门市部，宣内大街93号门市部，地安门外大街60号门市部，珠市口东大街258号门市部，新街口南大街233号门市部）。1985年经过整顿验收，1986年开始创建社会主义文明工厂，1988年，隶属关系由北京市木材工业公司划归北京市建筑材料工业总公司。

两厂合并后，企业的技术力量得到进一步提高。随着改革开放的深入和旅游业的发展，在外贸出口不景气的情况下，眼睛向内，开拓国内市场，提出了“以外贸为主，以国内市场为辅，广开经营渠道，在竞争中求生存”的经营方针。同时，在调整产品结构的基础上，成立了经营机构，在增加软活工艺的基础上，大力开发民用家具产品，如衣柜、梳妆台、写字台、花台、床和床头柜等，使具有现代功能的家具与明式造型风格家具得到较好的结合。投产后，国内用户供不应求，试销获得了巨大成功。在此期间，为适应各大旅游饭店兴起的需求，还设计开发了大量适合宾馆、饭店使用的餐厅、客房、卧室等家具，并先后为兆龙饭店、北京国际饭店、香山饭店、田园饭庄等多家高档饭店制作了具有民族风格的传统中式家具，受到各大宾馆、饭店的欢迎，逐步摆脱了外贸出口硬木家具受国际市场制约的影响，企业各项经济技术指标逐年上升，经济效益得到不断提高。

证书

北京市市级先进企业

北京市经济委员会
1988年12月27日

◎ 1988年，北京市中式家具厂被评为北京市市级先进企业 ◎

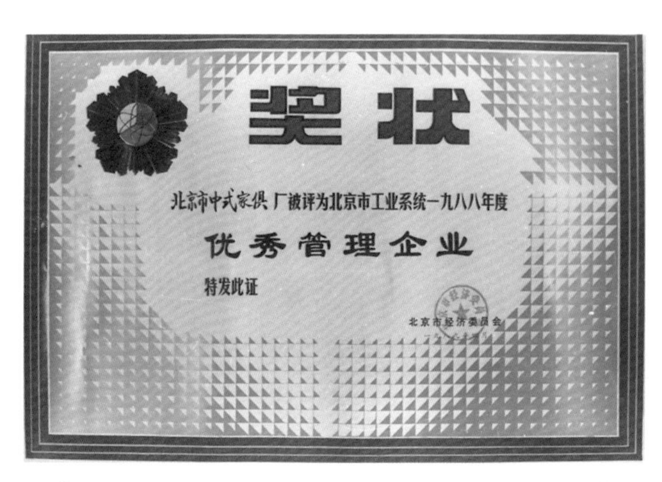
奖状

北京市中式家俱厂被评为北京市工业系统一九八八年度

优秀管理企业

特发此证

北京市经济委员会

◎ 1989年，北京市中式家具厂被评为优秀管理企业 ◎

1987年，企业根据发展的需要，制定了“抓管理，上等级，提高经济效益；重开发，研制新品种，加强工贸结合，开发仿明风格，并具有现代功能的产品；创优质，革新工艺，挖掘国内的旧家具资源，以旧养新，修仿结合”的经营战略思想，把企业的生存和发展纳入正确的经营轨道上。同年，企业为保护知识产权及合法权益，注册了“龙顺成”牌商标，开始自主对外出口销售，并参加一年两度的广州出口交易会，实现了从计划经济年代的埋头生产走向销售的前台，直接面对客户的转型。

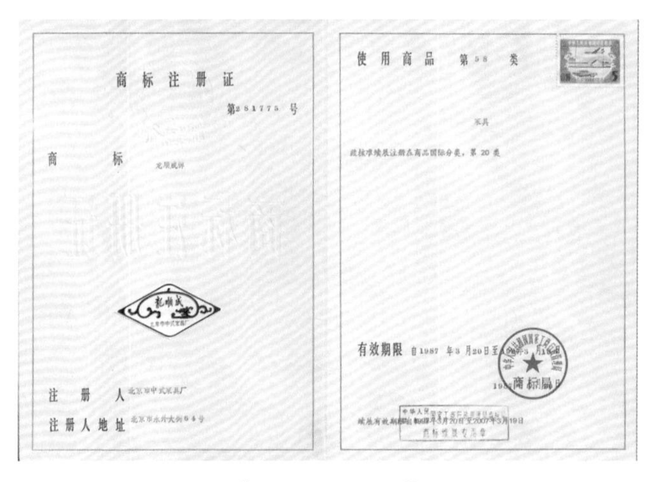
商标注册证

第281775号

商　标　龙顺成牌

注　册　人　北京市中式家具厂

注册人地址　北京市永外大街64号

使用商品　第58类

家具

有效期限　自1987年3月20日至

商标局

◎ 商标注册证 ◎

二、继承传统工艺，一举中标国家重点工程

20世纪80年代末，龙顺成凭借着超强的实力和驰名的影响力，以及悠久的硬木家具制作历史，一举拿下了北京饭店贵宾楼总统间、多功能厅、四季厅及部分高级客房的中式装饰装修和配套家具的制作工程项目，成为北京饭店贵宾楼装饰工程的总承包者，而北京饭店贵宾楼装饰工程项目的特点正是以雕刻活儿多见长，这非中式家具厂莫属。此次北京饭店贵宾楼装饰工程项目总指挥，正是龙顺成第一副厂长郭任中。

北京饭店贵宾楼，乃是由香港知名人士霍英东先生与北京饭店合资营建的。贵宾楼装饰工程竣工前半年时间内，霍英东先生每隔两星期就飞一次北京，进了贵宾楼立刻到处巡视“挑毛病”。有一次，他下了飞机没休息，一口气转了9个小时，直到晚上10时才回到房间。但他仍不放心，他要在每一种房间里住上一夜。霍英东先生对来访者讲：“不住，看不出毛病，只有住了才知道，在这里，就要让每一位入住客人都感到像在家里一样……”投资贵宾楼，既表达了他的悠悠爱国情，又弘扬了民族文化，对国人产生了深远的影响。

贵宾楼就像一座丰碑，耸立在首都繁华的王府井街头。竣工之后，它就成为第十一届亚运会的指挥部。时任国际奥委会主席萨马兰奇和亚

◎ 北京饭店贵宾楼 ◎

◎ 北京饭店贵宾楼一角 ◎

奥理事会等官员下榻后，纷纷赞扬装饰工程之美前所未有。

清朝最后一位皇帝溥仪的弟弟溥杰，在参观了皇帝套房后说："这里让我想起了我小时候住过的皇宫。"

北京饭店贵宾楼工程的完美收官，是龙顺成继北京国际饭店之后的又一成功案例，这更加坚定了他们的信心。而后，龙顺成利用其百余年传承下来的独特技艺，承担起重现和延续历史的职责，先后为北京全聚德饭店帝王厅、兆龙饭店、长城饭店、建国饭店、长富宫饭店、友谊宾馆、钓鱼台国宾馆、历代帝王庙等设计制作了大量明、清古典硬木家具，并为多个驻外使馆制作了批量京作硬木家具，不仅增进了世界人民对中华民族优秀传统文化的了解，也促进了我国与各个国家和地区之间的文化交流。

1991年，出于发展需要，企业又增加了与之相配套的古典中式室内装修业务，并成立了中式装饰分公司。

20世纪80年代至90年代，国家文物局研究员、研究明式家具的泰斗王世襄先生，国家文物局瓷器专家孙会元先生等一批教授、专家多次来到龙顺成考察座谈。王世襄先生先后于1986年7月和1999年6月，到龙顺成参观调研，为龙顺成亲笔题词。

◎ 北京全聚德帝王厅的屏风、宝座 ◎

◎ 中国驻阿尔巴尼亚使馆中式家具 ◎

1993年，企业恢复老字号“龙顺成”，更名为“北京市龙顺成中式家具厂”。

自20世纪90年代开始，随着人民生活水平的日益提高，传统家具再次成为人们关注的热点。因传统家具不仅具有使用价值，而且具有很高

◎ 20世纪90年代，文物专家王世襄先生来厂考察、参观、座谈（左一为胡文仲，左二为王绍杰，左三为王世襄，右二为陈书考）◎

◎ 王世襄先生在龙顺成参观 ◎

的艺术价值与收藏价值，因此受到众多传统家具爱好者和收藏者的推崇。龙顺成作为京作家具的唯一传承者，素以用料考究、选材精细、造型古朴、工艺精湛著称于世，始终保持着传统的制作工艺和技法，其制作的京作硬木家具被业内公认为标志性家具。

第三章 龙顺成京作硬木家具技艺

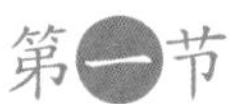

第一节

京作硬木家具的木材选用

自20世纪80年代中期以来，收藏和购买红木家具的风气悄然出现，其价格也逐渐水涨船高。红木家具那种高雅肃穆的格调、简朴婉约的艺术风格非常迎合现代人的时尚审美。进入21世纪以来，随着现代生活节奏和审美取向的转变，中国传统红木家具也开始融入现代人的生活之中。木材坚韧细腻、造型优雅简朴、结构精美考究、工艺巧夺天工，它的人文内涵和艺术震撼，历经百年，仍为世人所追寻。

为此，我国于2000年制定了《红木》国家标准（GB / T18107—2000），由国家质量技术监督局发布，并于2000年8月1日开始实施。标准中规定：紫檀木类、花梨木类、香枝木类、黑酸枝木类、红酸枝木类、鸡翅木类、乌木类、条纹乌木类，5属8类33种的木材统称为红木，其他木材不为红木。而红木家具就是指现在利用《红木》国家标准规定的8类木材制作的家具，包括明式、清式的古典家具及继承传统家具风格、结构、造型，运用现代加工工艺制作的，适合现代人们生活需求的家具。

2008年，中国轻工行业标准（QB/T2385—2008）《深色名贵硬木家具》发布，对深色名贵硬木家具做出了进一步的规范。

证书

北京龙顺成中式家具厂

中华人民共和国轻工行业标准

QB/T2385-2008《深色名贵硬木家具》

起草单位之一

全国家具标准化中心

2008年9月

◎《深色名贵硬木家具》起草单位之一◎

红木包括的8类木材，每类都有其特有的个性。不同的材料呈现在人们视觉中的材色、花纹、光泽、质感等方面都不尽相同，这也给古典家具设计师们带来了无限的设计空间。同一种造型的产品，通过对材料的合理选择和巧妙选用，就可以制作出与众不同的产品来，给人以不同的感受。

一、京作硬木家具木材和辅料的选用

中国红木家具之美，历来为世人称道。它不仅为中国人所喜爱，也备受国际友人的青睐。因为它完全是由名贵天然的实木制成，视觉、触觉优良，是绿色环保产品。精美的红木家具不仅能满足人们生活和工作的需要，而且它还是一件艺术品，极具鉴赏价值和收藏价值。

红木是我国高端、名贵家具用材的统称。红木为热带地区豆科檀属木材，多产于热带亚热带地区，是常见的名贵硬木。红木因生长缓慢、材质坚硬，生长周期都在几百年至上千年以上，原产于我国南部的很多红木，早在明、清时期就已被砍伐得所剩无几，如今的红木，大多产于东南亚、非洲等地区。木材花纹美观，材质坚硬，为贵重家具及工艺美术品的优等用材。

（一）红木生长习性

红木生长于阳坡疏林或灌丛中，海拔在500~3300米。其特点为：颜色较深，多体现出古香古色的风格；木质较重，给人感觉质量优良；一般木材本身都有自身所散发出的香味，尤其是紫檀木；材质较硬，强度高，耐磨，耐久性好。

龙顺成制作京作硬木家具的主要原材料是珍贵的优质木材，用料考究、选料精良是龙顺成京作硬木家具的特点之一，这对于家具的造型、雕饰、结构都产生了很大影响。所以，龙顺成选用的木材均产自东南亚，且生长周期长，质地坚硬致密，多有优雅的自然色彩和奇特的纹理花纹。

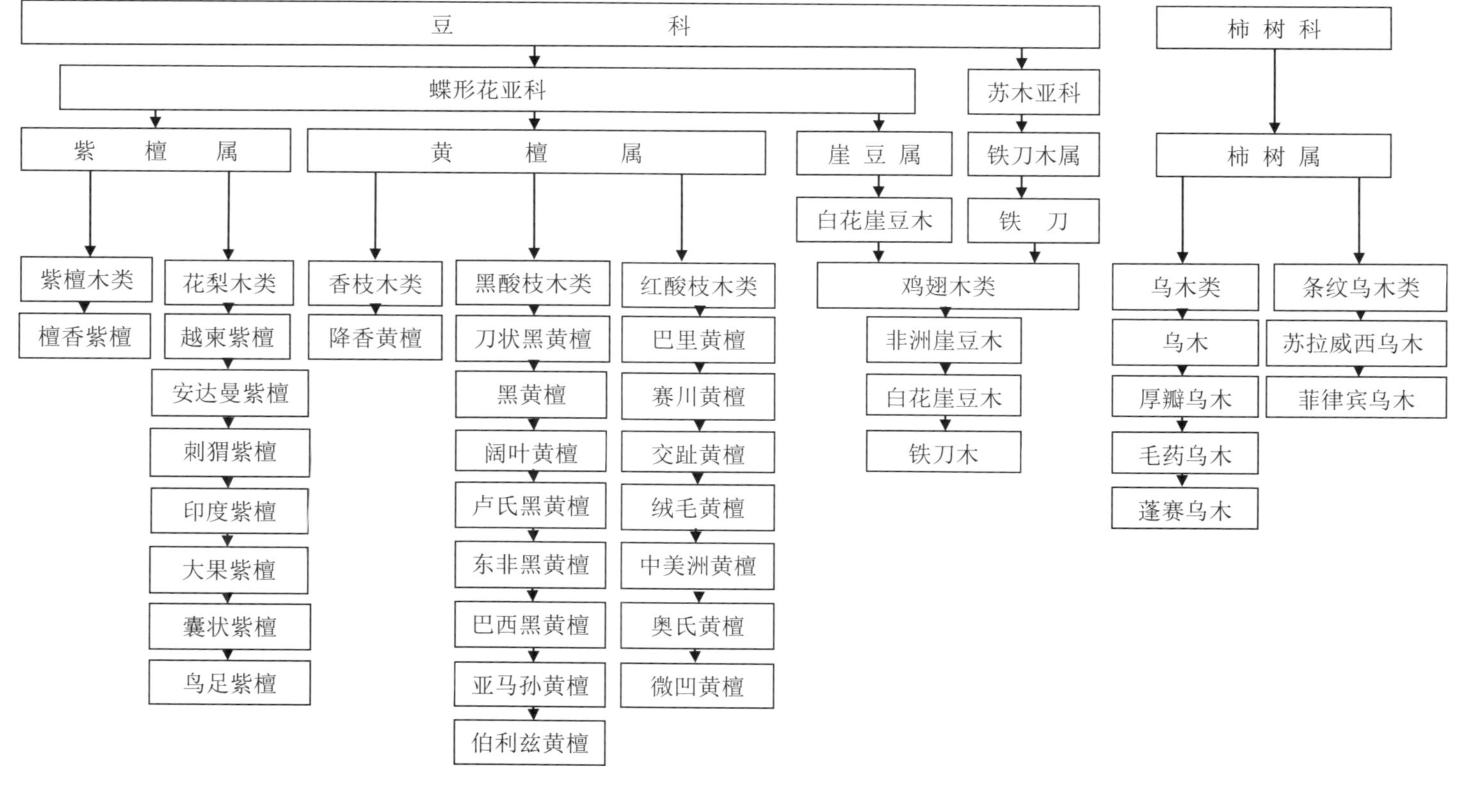

◎ 国际红木5属8类33种木材分类图 ◎

（二）比较常见的红木原料（7种主料和一些辅料）

1. 紫檀木

紫檀木，亦称古龙木，属名贵木材，生长于热带丛林，因其材质绝伦，生长缓慢，是一种百年生长一寸的硬木，非数百年不能成材。加之紫檀木十檀九空的特性，出材率极低，故十分珍贵，自古以来都有“寸檀寸金”之说。

◎ 紫檀木 ◎

紫檀木是红木中的极品，其材质致密坚硬，色泽紫黑、凝重，手感沉重，年轮呈纹丝状，密度较大，入水则沉，纹理纤细浮动，结构质密、耐腐、耐久性强，木丝棕眼细密，尖曲细短，状似弯曲针尖，也有的棕眼含杏黄金星，称为金星紫檀。有不规则的牛毛纹，具有特殊芳香气。紫檀木又分老紫檀木和新紫檀木，老紫檀木呈紫黑色，浸水不掉色；新紫檀木呈现褐红色、暗红色或深紫色，浸水会掉色。

2. 黄花梨木

黄花梨木，有我国海南黄花梨和越南黄花梨两种，又以海南黄花梨最为名贵，是中国特有珍稀树种。其木质坚硬，视感极好，纹理或隐或现、生动多变。黄花梨木颜色以黄色为主调，此色调同深色木纹织成美

◎ 黄花梨木 ◎

丽的天然图案，如鬼脸等。表面有光泽，有辛辣香气，结构细而匀，材质含油脂较多，具有耐腐蚀、抗酸碱、不易变形的特性，是珍贵稀有的家具用材。明代的家具多使用这种木材制作。

3. 酸枝木

主要分布于热带及亚热带地区。其木质坚硬沉重，经久耐用，能沉于水中，结构细密，呈柠檬红色、深紫红色、紫黑色条纹，加工时散发出一种刺鼻酸味和辛香，故称为酸枝木。酸枝木分黑酸枝和红酸枝两大类。黑酸枝木芯材为紫黑、深紫和红褐色，带黑色条纹，一经打磨平整润滑，给人一种醇厚含蓄的美。红酸枝木生长年轮明显。

◎ 酸枝木 ◎

红酸枝作为红木木材，是有历史渊源的。清代中期以来，紫檀（檀香紫檀）和黄花梨（绛香黄檀）日渐难求，开始从南洋（东南亚一带）进口木材以替代。当时红酸枝被称为“紫榆”，因有酸香气，广东称为“酸枝”。颜色有深红色和浅红色两种，一般有“油脂”的质量上佳，结构细密，性坚质重，纹理既清晰又富有变化。长江以北多称为“红木”或“老红木”。

4. 花梨木

分布于印度、东南亚等热带地区。其木质坚硬、耐磨、强度高。材色较均匀，可见深色光泽，纹理呈雨线状，交错若隐若现，色泽柔和，极为美观，重量较轻能浮于水中。因价格适中，是目前红木家具的主要材料。

◎ 花梨木 ◎

5. 鸡翅木

主要分布于缅甸、非洲，因为有类似“鸡翅”的纹理而得名。鸡翅木也称杞梓木，呈灰褐色，棕眼长、粗、深，质地坚硬，花纹美观，纹理交错、清晰。芯材呈黑褐色或栗褐色，色彩艳丽明快。老的鸡翅木纹理细腻，有紫褐色深浅变化，而且有光泽，如同鸂鶒鸟的羽毛一般漂亮。新鸡翅木木质粗糙，紫黑相间，纹理混浊不清，且呆滞缺少变化。明、清两代都有采用此木制成的家具。

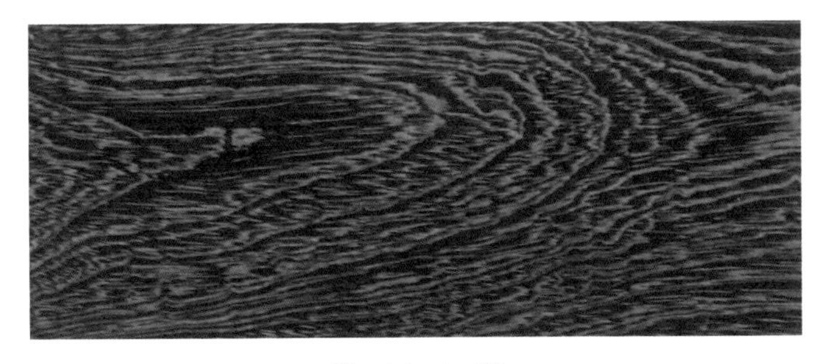

◎ 鸡翅木 ◎

6. 乌木

产自东南亚的泰国等地，呈乌黑色，木丝棕眼细密，乌黑不显花纹和纹理，质地坚硬，结构细密凝重，制作家具较少。

◎ 乌木 ◎

7. 楠木

产于我国四川、云南、贵州、湖南等地。楠木虽不属硬木材类，但也是制作家具的名贵木材和建筑用材。木材呈橙黄色，色泽柔和，纹理细腻，质地虽软但有韧性，富有香气。木丝棕眼细密，含有杏黄金星，故被称为金丝楠木。

◎ 金丝楠木 ◎

8. 京作硬木家具辅料

辅料是京作硬木家具制作必不可少的辅助材料。京作硬木家具制作所使用的辅料主要有鳔胶、蜂蜡和铜饰件。鳔胶主要用于拼板和结构点（因鳔胶制作技术现在只有极少数人掌握，目前普遍采用环保性乳胶）；蜂蜡用于表面处理，在不影响木材纹理美观的同时，起到保护木材的作用；铜饰件主要是用于家具的开启转动部位，一方面起到转轴和加固的作用，另一方面也具有装饰作用。

◎ 蜂蜡 ◎

用于家具上的铜饰件种类繁多，款式多样，大小适宜，既满足了家具本身的功能和美化的要求，又起到了防护和装饰作用。如家具的腿部装有铜叶包腿，可防止木材腐蚀，移动时不易磨损开裂，光亮美观。箱柜类的合页、面页、扭头等铜饰件，安装部位适当，做工精细。各种样式的铜饰件的合理使用，使家具整体富丽堂皇，具有浓厚的民族色彩。

◎ 铜饰件 ◎

二、京作硬木家具制作的传统工具

“工欲善其事，必先利其器。”精巧卓越的手工技艺，离不开得心应手的工具。制作红木家具的工具丰富多彩，在一些细节上，不同的师傅都有不同的说法，可谓“其人其工具”，而不同师傅的工具的不同，又反映出不同制作人的个性，或隐藏着不同人的绝活儿。工匠实际上把制作工具与制作家具视为同类。尤其在学徒期间，学会制作和使用工具，也就初步掌握了制作家具的基本技法。

（一）木工工具

木工工具种类繁多，有句老话就是“木匠的工具用车拉”，以此来表达木工的工具之多。其制作工具主要包括手锯、手刨子、凿子、斧子、锤子、木锉、马牙锉、榜刨、刮刀、墨斗、木折尺、角尺等。辅助工具包括胶桶、鬃毛刷、磨刀石、镇刀、线勒子等。

◎ 部分木工制作工具 ◎

现就木工九大类主要工具做一简述。

1. 手锯

手锯，据说是鲁班受到草叶的启发而发明的工具，是木工最基本的工具之一，也是最古老的木工工具之一。早在石器时代，我们的祖先就制造出了石锯，用以切开兽骨等。现在的木工手锯早已经演化成设计科学合理、生产效率高、外观优美的经典手动工具。

手锯根据大小可分为二人夺、大锯、半锯、小锯、线锯、刀锯等。

（1）二人夺：一种两人使用的无梁大锯，结构非常简单，一根较宽的鱼腹形锯条，两边各装手柄。工作时两人抓住手柄先后拉向自己的怀中，故名“二人夺”。

（2）大锯：一般长度在80~100厘米的较大木工手锯。

（3）半锯：长度在60~80厘米的中号手锯。

（4）小锯：长度在60厘米以下的称为小锯。

（5）线锯：由一根竹板和铲出毛齿的钢丝组成，外形非常像一张弓，主要用以加工镂空及复杂曲线切割，所以俗称“锼弓子”。

（6）刀锯：外形类似于带有弯形手柄的刀，故称为刀锯。根据用途而大小不一。

2. 耪刨

耪刨是木工师傅自己制作的一种特殊工具。用相同规格的薄钢片纵向排列安装在刨床上，以刮削的方式，使被加工物表面平整光滑，作用非常接近于马牙锉，且能加工较大的表面。因加工面的不同，工具的大小也不相同。

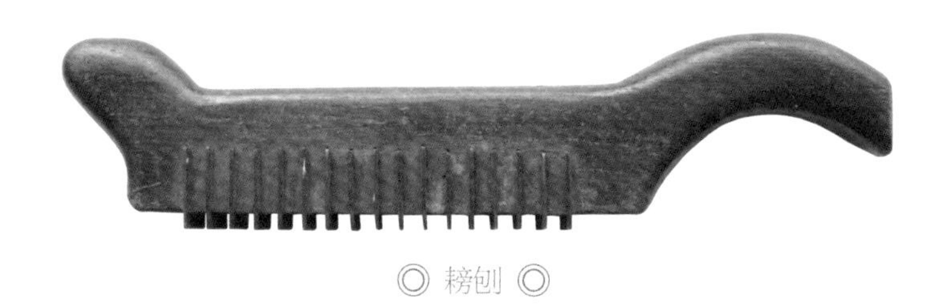

◎ 耪刨 ◎

3. 马牙锉

马牙锉是一种布满一字横纹的曲柄锉刀，用以修光家具的线脚、硬楞等复杂表面。

◎ 马牙锉 ◎

4. 手刨子

用来刨平、刨直、刨光、刨出各种线角的木工工具，一般由刨床、刨刀、盖刃、木楔组成，种类很多。最常用的有以下六种。

（1）拼缝刨子：在家具制作中经常需要对板材进行横向拼粘，以达到需要的宽度。拼缝刨子就是用来刨削板材拼粘连接面的，其主要特点就是刨床较长，一般得有60~80厘米，刨底平直，以求加工出理想的平直表面。

（2）二虎头：是工匠师傅们对中号刨子的一种称呼，其特点就是刨床长度在35~45厘米。它最主要的作用就是刨削出材料的平直表面及所需要的精确尺寸。

（3）净刨：刨床尺寸较小，长度通常在20厘米左右，根据使用的需要甚至可以做得更小，是尺寸最小的平底直刃类手刨子。它的主要作用就是净光家具部件表面。

（4）单线刨：是一种刨刃宽度不超过2厘米、刨刃与刨床同宽的窄长形平底刨。它的作用很广泛，几乎家具上的所有内直角、部件裁口处都能用它刨削平直。

（5）槽刨：单指用来在家具部件上开方形槽口的刨子，在一定范围内可根据所需要的槽宽更换不同尺寸的刨刃，功能单一却必不可少。

（6）线刨：用来在家具部件上刨削出所需线型的手刨，样式较多，可根据需要单独制作。

5. 木工平凿

用以在木料上开凿榫眼的工具，刀口是平的，凿身断面呈梯形，后装手柄，根据榫眼的需求而大小不同。因榫眼不同，此种工具的种类和规格较多。

6. 斧子

最古老的木工工具之一，在家具制作中，斧子除能劈砍木材外，最重要的是作为开凿榫眼时的捶打工具。

7. 木锉

在家具制作中，木锉的主要作用不是锉光木材表面，更多的是为了锉出需要的造型及倒掉硬楞。

根据锉齿的形状及用处不同，木锉又分为糙锉和鱼鳞锉。

8. 墨斗

墨斗由墨仓、线轮、墨线（包括线锥）、墨签四部分组成，是传统木工最为常见的工具，在家具制作中主要是开料前用以弹出直线。

9. 木折尺

原特指四折对开的一种木尺，丈量木材及画线之用，是加工制作家具常用的一种量具。折尺最大的特点是可以折叠，节省空间，便于携带。

（二）雕刻工具

雕刻工具主要包括凿子（雕刻刀）、雕刻锤、木锉、线锯、马牙锉、锼弓锯、铲丝刀等，以及镇刀、鬃毛刷等辅助工具。

◎ 部分雕刻工具 ◎

现就雕刻五大类主要工具做一简述。

1. 雕刻刀

在手工雕刻环节，雕刻刀最为重要，且种类繁多。其分类有两种方式：一是按用途分为打坯刀、修光刀和刮刀；二是按刀刃形状分为圆刀、平刀、斜刀、三角刀、刮刀等。

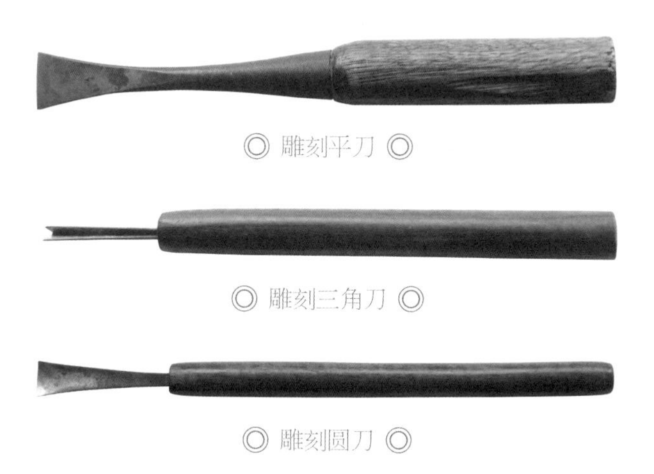

◎ 雕刻平刀 ◎

◎ 雕刻三角刀 ◎

◎ 雕刻圆刀 ◎

（1）打坯刀：从外形看，打坯刀最大的特点是带“裤”，手柄较短，可用木锤或铁锤敲击手柄顶端。它的作用就是“打坯”，即凿刻出较为粗糙的图案轮廓，俗称“凿活儿”。

（2）修光刀：外形特点是刀身不用带“裤”且手柄较长，便于操作者可以用多种方式握住刀柄，仅依靠手部力量完成“打坯”工作的纹饰修铲。这个过程称为“修光”，俗称“铲活儿”。

（3）刮刀：一种是外形与修光刀非常相似的；另一种是只用一块薄钢板制成，两端可用，无木制手柄的。无论哪种刮刀都是以刀刃横刮的方式，对“修光”后的纹饰表面进行刮扫处理，以去掉表面的刀痕、毛刺、倒刺等。

2. 雕刻锤

有木锤和铁锤两种。木锤从外形看就是一个方头圆柄的短木棒；铁锤的特点是扁方锤头，木柄较短，仅略长于手掌宽度。

3. 木锉

包括粗锉、细锉和“两头忙”。其中“两头忙”是一种一头粗一头细的连体小锉。

4. 马牙锉

与木工工具中的马牙锉相同，只是有的尺寸更为小巧。

5. 镇刀

一种较为特殊的辅助工具，木工和雕工通用。它的产生是出于刮刀制造特殊刃口的需要，是与刮刀不可分割的工具。镇刀均为匠人师傅自己制作，材料就是高硬度的钢板，两厘米左右宽即可，磨成较钝刃口，用以在刮刀刃口挤压出倾角“飞刃”。

（三）烫蜡工具

现就烫蜡四大类主要工具做一简述。

1. 炭弓子

早期烫蜡使用的是木炭烘子，后演变为电烘子，再到现在的热风枪。

◎ 部分烫蜡工具 ◎

2. 蜡起子

传统的蜡起子是用牛角为原料制作而成的，现在基本上以红木为原料制作而成。它因家具各部位形状与造型的不同，分为铲形、锥形、线条形等不同形状，主要用于擦完蜡起蜡用。

3. 鬃刷

鬃刷是以猪鬃作为原料制作而成的一种毛刷，主要用于在家具上布蜡和抖蜡。

4. 蜡布

以棉织布为主，用于擦蜡及平时保养家具。

京作硬木家具制作简要工艺流程

京作硬木家具制作是典型的精工细做，综合运用多种制作技艺，集设计、木作、雕刻、烫蜡等多种技艺于一体，加上珍贵的选材、复杂的结构、庄重典雅的造型、细腻美观的雕饰，构成了京作硬木家具造型典雅、厚重的特点。

京作硬木家具制作技艺的工序精细复杂，制作周期比较长，需要经过几十道工序才能完成，虽然目前红木家具制作的一部分流程已经脱离了手工制作，但是，雕刻、组装、刮磨、烫蜡等许多重要工序仍然离不开手工操作。主要的工序有：

原材料管理—设计—选备料—制材与烘干—机加工—选配料—画线—木工制作—雕刻—组装—刮磨烫蜡—安装铜饰件—成品检验—包装入库。

一、原材料管理

购进原材料，应做到物与票相符，领、发料按产品分析单发放，随领随记账，做到月结、季盘、年终总盘；木材码放达标，干湿分别码放，实行挂牌制；做到通风、防雨淋，并留有防火通道。

二、设计

设计是有艺术性和规律性的，其结构、形状颇有讲究，有虚实的关系、比例上的关系和线条节奏等。家具设计的形式美需与使用的舒适性相结合，但凡舒适性好的家具，看起来都具有美感，从线条细节到整体造型浑然天成、自然大气，没有做作和别扭之态。

设计是京作硬木家具制作的第一道重要工序，它可以分为造型设计、工艺设计和雕刻图案设计三部分。这样，才能真正体现出家具的造型美、功能美、工艺美、木材天然纹理美。

造型设计在行业内俗称“出样”。“品相”是体现一件京作硬木家具内在优劣、是否具有收藏价值的重要基础，它既要遵循功能要求，又要合乎审美要求。

工艺设计是京作硬木家具造型得以存在和牢固的保障。

雕刻图案设计是体现一件京作硬木家具的点睛之笔。铜饰件的设计种类繁多，形状多样，它既要满足家具本身的功能要求，又要起到对整件家具的装饰作用。如柜类的腿部装有铜叶包腿，既可防止木材腐蚀，又可呈现光亮美观；柜类的合页、面页、吊牌等，起到了将柜门和柜子连接一体的作用，也起到了柜子开关拉手的作用。

三、选备料

根据设计部门下发的制作图纸，经核对无误后，按材质、规格尺寸等要求，对所需材料进行选料和备料。

四、制材与烘干

制材是指木材的储存及干燥，分为五步。

1. 原木弹线

即看料弹线。弹线一般用墨斗，墨斗约长20厘米、高7厘米、宽5厘米，分为前后两格，前格装棉絮墨汁，后格装一线轴，轴线通过前拉出蘸有墨汁的线，将线弹在原木上，使原木显有黑色线，弯曲原木即可取直。锯木时，按此线下锯，将原木锯成不同规格的板材。同时，这也是决定用材是否合理和出材率高低的关键。木匠有句行话，叫“赚钱不赚钱，全靠线上弹”，经验丰富的老工匠，能充分利用木材资源，看料弹线，达到节约用料、物尽其用的目的。

2. 原木锯板材

在电动设备出现之前，将原木锯成板材，主要是由两人站在原木的上、下两方，用手工大锯将原木按弹好的线锯成板材。在电动设备及工具出现后，代替了手工锯原木，这不仅提高了工效，减轻了劳动强度，而且使木材的使用率得到了更显著的提高。一般原木靠最外处为一标皮，二标出薄板，芯材出厚板。

3. 板材码垛风干

将锯好的板材码成方形或长方形木垛，码直、垫平，垛顶用标皮封严，呈斜坡状，在雨季时可使雨水向下无阻碍地流动。同时，要留有通风的空隙，使其达到自然风干的作用。风干需要半年至两年的时间。

4. 板材烘干

木材干燥是家具制作中的一道重要环节，木材只有经过正确的干燥后，才能避免或减轻开裂和变形。在制作家具前，要把木材干燥到与使用家具地区的温度、湿度相适应的木材平衡含水率，这样才能减少或避免家具受使用地区温度、湿度的影响而发生变化，引起木材的缩胀、翘曲和开裂。

将风干后的板材移进烘干洞房内进行烘烤。烘干一般要烤“三火”，每火7~10天，共需月余时间，使板材的含水率不超过8%。

以前的烘干洞房制作得非常简陋，一是在地下挖出一个长方形槽坑，下装锯末，上装木材，锯末、木材上下相距一米左右，木材码齐垫平，封顶垫土封严，用点燃锯末后产生的热温来对木材进行烘干；二是用一废旧的房屋，在屋内中央挖出一个槽坑，装锯末使用，将木材码放在屋内，码齐垫平后，将房屋门窗封闭严实，点燃锯末进行烘干。

目前，对木材进行烘干都采用了安全可靠、环保节能的“高频—真空木材干燥箱”等设备，有效地保证了木材的各项指标达到稳定状态，并且安全环保。

5. 干板回性

经过烘干后的板材要进行码垛存放，使其回性，10~15日后方可使用。

五、机加工

红木家具的部件加工占整个家具制作用时约1/3。以前设备落后、简单，往往由木工一人操作，技能不精，很容易造成错误。随着现代化先进数控机床等设备的应用，部件机械加工的精度有了质的飞跃。这些先进设备的应用，形成了专业分工细致的流水作业。每道工序之间互相检验和制约，使加工质量更有保证。龙顺成现在拥有一条现代化的机械加工生产线，其中精密截锯、仿形铣床、宽带磨光机、拼板机等设备都在国内或国际上处于领先水平。

六、选配料

将烘干后的板材依据设计图纸的要求，根据材质、规格尺寸、木材纹理、色差等，按每件家具所需材料进行配料。

七、画线

在家具产品部件上准确地画上肩榫、卯眼等相互衔接的线条。

八、木工制作

1. 画

量材下料（看材下料），按所制作的家具产品图纸、样板或是实样，在板材上画线取料。

2. 锯

按在板材上画出的不同规格和形状的线，将板材锯成不同的家具部件。

3. 刨

将锯好的家具产品部件刨平，刨出制作图纸所标注的尺寸规格。

4. 打面

选取刨平的木材，在木材纹理美观的部件面上，打上记号，作为家具外部的看面，保证组装后的家具产品外部表层华丽，纹理清雅、美观。

5. 净光

用净刨、耪刨、刮刀等专用工具，进一步将各部件刨光净细。

6. 开榫凿卯

按家具产品部件上所画的榫卯衔接线，锯出肩榫，凿出卯眼，刨出卯槽。

7. 攒面刹肩

将家具产品各个部件用榫卯攒在一起，同时将不严的榫肩用细齿锯刹严。

九、雕刻

雕刻往往是一件京作家具的画龙点睛之处，题材以祥兽瑞草和有吉祥喻意的多种组合图案为主。采用的雕刻形式有平雕、圆雕、浮雕、立雕、透雕等。雕刻工序主要包括以下几个工步：

1. 画

将经过木工加工后需要雕刻的产品部件，按产品要求和图纸设计的需要，画出所需雕刻的图案实样，经审查合格，确认无误后，雕刻工按产品所需雕刻的图案样纸贴在家具部件上。

2. 锼

在需要透雕的部件上，要先用锼弓锯锼出图案纹饰部分。

3. 凿

用凿子将家具产品部件按图样要求凿出图案坯形，根据图案的不同线条选用不同的雕刻工具。

4. 铲

用不同的雕刻刀将图案坯形铲出细致图案或图形，经清底后，使雕刻图案面光滑平整。

5. 锉

用不同的雕刻工具对雕刻图案的轮廓进行修整，把有棱角的地方处理干净。在雕刻中一定要顺着木材纹理的方向进行操作。

木工制作和雕刻可以交叉进行操作。

十、组装

将家具产品的面边、芯板、腿、枨等全部部件，用相互衔接的榫、卯，用鳔胶粘接，组装成整件家具，这就是所谓的白茬家具。

十一、刮磨烫蜡

刮磨烫蜡工序可分为以下五个步骤。

1. 沾水白茬

用棕刷或水布将沸水刷在木活白茬家具上，使白茬家具的木刺涨起，日晒风吹月余后，查看白茬家具有无开裂、翘曲等现象，如出现问题，立即整修。

2. 磨

分石磨、锉草磨或不同型号的砂纸磨等，并根据不同的木料和家具的不同部位分别使用。

（1）石磨：将天然的磨刀石制成长方形或方形平石块，磨刀石有粗、中、细之分，砂粒粗的类似零号水砂纸，细的如双零号水砂纸。用布将温水抹在家具平面和部件上，用平面磨石往返摩擦，将家具平面和部件平面处磨平、磨细，达到光细平整。

（2）锉草磨：早期匠人在对家具进行打磨时，经过长期的实践应用，发明了锉草磨。锉草又叫节节草、木贼、擦桌草，这种草有秆有节，表面糙涩，晾干后用温水浸泡就可以恢复直挺，可弯曲成各种形状，毛刺完全张开，用作对家具部件表面进行打磨，尤其是对雕刻纹饰、线条等进行打磨，可使家具各部件变光滑，又不伤及雕刻纹饰，同时，还能做到在木材上不留任何划

◎ 锉草 ◎

痕，确保了雕刻纹饰的神韵，是天然又环保的打磨用料。使用时，在锉草内用一支扁形竹制挺棍，外裹锉草，蘸水往返摩擦家具的线条和雕刻的花纹图案，花纹图案要磨细逼真，根底部要干净利落。

（3）砂纸磨。按粗磨、细磨的步骤使用不同型号的砂纸对家具各部位进行打磨。

磨活素有“凿一、铲二、磨三工”的说法，就是说如果雕凿用一个工，铲活就要用两个工，磨活则需要三个工，由此可见磨活在家具中的重要性。

3. 调色

调色是烫蜡工序的一个至关重要的关键点。按照深色红木家具标准，在红木家具制作过程中，允许有3%以内公差的白膘，这些带有白膘的部件，只能用于整件家具的底部或不明显之处。这就需要根据不同材质，将带有白膘的部分进行不同的调色，以达到家具整体的色泽一致、自然美观。

4. 烫蜡

烫蜡共分六个步骤。

（1）调蜡：将蜂蜡和石蜡按一定比例调和成所需标准的混合蜡。

（2）布蜡：将配制好的蜂蜡熔化后，按不同家具的布蜡顺序进行布蜡。

（3）烫蜡：早期使用木炭烘子，后改良为电烘子，现在普遍使用专业的热风枪（类似电吹风机）。用热风枪在家具表层从一边到另一边不间断地均匀运动，烘烤所要烫蜡的家具各部件的表面，使木材管孔膨胀，使涂在家具表层的蜂蜡熔化，渗入木材中，不仅封闭了管孔，还在木材表面形成了一层保护膜。

（4）擦蜡：用热风枪均匀烘烤的同时，用柔软的布卷顺着木材的纹理反复用力擦拭，以清除家具表面上未铲净的浮蜡及余蜡，直至家具表面没有浮蜡。

（5）起蜡：待蜡完全凝固后，使用专用的起蜡工具依次把家具各部位表面的浮蜡起干净，在起蜡过程中，走向应与木材的纹理方向一致，用力均匀，做到既要把表面的浮蜡起下来，还要将蜡起子下面的蜡压入木材的棕眼里，使蜡进一步渗入。

（6）抖蜡：用鬃刷将家具各处的表层进行擦试，将残留的蜡抖尽。

5. 擦蜡打光

烫蜡后的家具仍需用洁净白布折叠成硬布卷，在家具的表层用力擦抹，使之生热，使蜂蜡更好地渗入木材的棕眼内，使其冷却后能凝固在木丝棕眼内。然后再用白布卷将家具表层的浮蜡擦拭干净，如此不断地擦抹打光，使家具表层光亮洁净。花纹图案、线条凹槽更要注意用力将浮蜡剔清擦净。

这种擦蜡打光的家具被称为“干磨硬亮”，也称为“包浆亮”，是更为讲究的京作硬木家具。擦蜡打光工艺悠久，操作简便，光泽柔和自然，细腻美观。

十二、安装铜饰件

按不同家具所需的铜饰件，一一安装在相应的家具部位上。

十三、成品检验

形成合格的白茬家具一般要经过外形公差、皮楞、窜角、节点严密性、分缝、伸缩缝、活动开胶、装板出槽等多项检验项目。

十四、包装入库

经检验合格后，将制作完成的家具成品用气泡膜或珍珠棉进行包装，登记后运至成品库。

第三节

京作硬木家具的造型、装饰与分类

一、京作硬木家具的造型

京作硬木家具造型严谨坚固、典雅美观、秀丽端庄、线条挺拔、曲直相映，继承了明代硬木家具的优良传统。家具的整体与局部和各个部位的权衡比例都恰到好处。在设计中各个部位的比例尺度都考虑到了使用功能，具有较高的科学性和艺术性。如椅子靠背及扶手的曲度、斜度都是根据人体的背部和双臂曲度设计的，并能随着时代的演变不断改进。椅子一般原有脚踏枨，是为坐着的人能将双脚踏放平稳，如今为适应现代女性穿高跟鞋，设计中有的已将这种脚踏枨去掉，而将贴面枨或牙条进行了加固设计。又如柜格橱类的高度、进深，都是适应一般人的体高而设计的，举目可望，抬手可取，存物、取物都很方便。

家具的线条、棱角更是多种多样、变化无穷。面部和主要看面有素平面、素浑面、素膛心面等。面部侧面边框、腿、枨、牙、卷口等部位装饰有形态各异的线条，并都完整交圈。

家具的腿也是形状不一，有直腿、圆腿、里方外圆腿、里弯腿、外弯腿等。腿的底脚部位也根据不同的结构和造型加以处理，并有不同的变化，如有回纹马蹄脚、素马蹄脚、如意腿等。

京作硬木家具的造型不但有线条装饰，还配有雕刻，部位恰当，繁简适宜，图案变化格调高雅。题材大多数采用传统的喜庆吉祥图案，更加增添了造型的艺术性。

二、京作硬木家具的装饰

1. 结构部件装饰

大多在实用的基础上再赋予必要的艺术造型，运用结构部件进行装饰，保持了家具形体简洁、明快的造型形象，使造型更完美，也增强了家具的承受力，如挡板、罗锅枨、霸王枨、搭脑等。

2. 线脚装饰

是对家具的某一部位或某一部件所赋予的纯装饰手法，线脚的使用在很大程度上增添了家具优美的艺术魅力，如灯草线、裹腿、束腰等。

3. 足的装饰

马蹄足大多装饰在带束腰的家具上，分内翻马蹄和外翻马蹄。

4. 腿的装饰

腿的装饰有直腿、三弯腿、鼓腿膨牙等。

5. 铜饰件装饰

铜饰件多结合家具的具体风格，以一些简洁优美的图案或寓意吉祥的图案来装饰。铜饰件以其光亮平滑的质感与木材的色泽形成了强烈的对比，使其与家具本身产生良好的视觉效果。铜饰件从使用功能上可分为三类：一是用于橱和柜门开合的铰链及锁插部分，如合页、穿钉、锁等；二是门屉之间的开合或箱匣之类的提携部分，如拉手、面页等；三是椅凳的座角足端或箱匣拐角等处的加固与保护，如套脚、包角等。

三、京作硬木家具的分类

（一）按产品用材分

按产品用材，可分为全红木家具、主要部位红木家具和红木包覆家具三种。

1. 全红木家具

全红木家具是指一件家具产品所有部位的用材，均采用国家标准规定的红木材料制作而成的家具产品。

2. 主要部位红木家具

主要部位红木家具是指一件家具产品在外表明显部位的用材，使用的是国家标准规定的红木材料制作，但在家具内部及比较隐蔽的地方，使用的是其他深色名贵硬木或标准之外的其他比较优质的木材。

3. 红木包覆家具

红木包覆家具是指一件家具产品在外表明显部位采用的是红木实板

包覆，在家具内部及比较隐蔽的地方使用其他近似优质木材。

（二）按产品工艺分

按产品工艺，可分为传统硬木家具和现代硬木家具两种。

1. 传统硬木家具

指按照传统工艺和款式，以明、清经典硬木家具为主，功能以陈设、收藏为主，制作精湛的深色名贵硬木家具。

2. 现代硬木家具

现代硬木家具有两种含义：

一是指在传统工艺基础上，既能体现传统家具艺术，又具有当代艺术创新，且选材讲究、制作精湛、具有知识产权和收藏价值的深色名贵硬木家具。

二是指以传统工艺和实用功能为主，注重产品款式和工艺、结构的创新，且具有明、清家具艺术的家具。

明、清家具依其功能可以分为七大类，即桌案类、椅类、凳类、床榻类、柜橱类、架几类、其他类。

（1）桌案类

桌案类包括方桌、圆桌、半圆桌、长方桌、长条桌、炕桌、琴桌、牌桌、炕案、炕几、平头案、翘头案、架几案等。

桌子分为有束腰和无束腰两种类型。有束腰家具造型丰富、层次分明、结构严谨，侧脚不明显。有直腿和曲腿之分，且多带马蹄形或其他装饰。束腰部分有与牙板一木连做的，也有单独安装的。无束腰家具造型更加简练、实用，一般侧脚明显。无束腰的桌子，四条桌腿直接承托桌面，腿间多采用罗锅枨加矮老或牙板形式，用以固定四足和承托桌面。

案是长条形的，腿足不在四角，而是在案的两头缩进一些位置。前后腿间大多镶有雕刻图案的挡板或装圈口。案足有两种做法：一种是案足不直接触地，而是落在托泥上；另一种是不带托泥的，腿足直接触地，触地部位稍向外撇，案腿上端用夹头榫或插肩榫与通长的牙板把两腿连接起来，共同支撑案面，如裹腿八仙方桌、雕龙翘头案等。

◎ 裹腿方桌 ◎

（2）椅类

明、清家具中的椅类形式很多，名称也很多，主要有靠背椅、官帽椅、交椅、圈椅、玫瑰椅、宝座等。

靠背椅是有靠背、没有扶手的椅子，可分为两种形式，一种搭脑长出腿子，向上微翘，犹如挑灯的灯杆，因而又有“灯挂椅”之称。

◎ 太师椅 ◎

官帽椅分四出头官帽椅和南官帽椅两种，四出头官帽椅即椅背搭脑和扶手的拐角处不是做成圆角的，而是出头。

圈椅由交椅发展而来，就座时，肘部、臂膀一并得到支撑，非常舒适，颇受人们喜爱。

玫瑰椅是明代常见的一种扶手椅，它造型别致，椅背较低，和扶手高度相近，是扶手椅中最轻便的一种。靠背、扶手及坐面以下的装饰花样繁多。如托泥圈椅、攒靠背四出头官帽椅等。

（3）凳类

凳是不带靠背的坐具。大体可分为方、圆两种形式，而以方凳种类最多。在各种形式的凳子中，又分为有束腰和无束腰两类。有束腰的都用方料，无束腰的则方料、圆料都有。有束腰的可以做出曲腿，如鼓腿膨牙、三弯腿等；无束腰的都用直腿。

绣墩是因为墩上多覆盖锦绣一类的垫子，借以其华丽而得名，风行于明、清两代。如鼓腿膨牙大禅凳、五开光绣墩等。

◎ 禅凳 ◎

（4）床榻类

床榻类家具泛指各种卧具及部分大型坐具。明、清时期的床榻大致分为架子床、拔步床、罗汉床等。罗汉床是一种两用家具，在卧室供睡眠称为床，在客厅待客则称为榻。如雕螭龙五围板罗汉床、罗锅枨卡花雕花双人床等。

◎ 雕螭龙五围板罗汉床 ◎

（5）柜橱类

明、清时期的柜橱类家具泛指存储器具、衣物的家具。柜子的种类较多，有圆角柜、方角柜、面条柜、亮格柜等，清代又发明了高低错落

◎ 圆角柜 ◎

的博古柜等。此外还有书柜、书架、书格、官皮箱等，如雕龙顶箱柜、素带翘头连二橱等。

（6）架几类

架几类有大衣架、香几、灯台、面盆架 、花架等，如雕凤大衣架、雕花圆花台等。

◎ 雕龙大衣架 ◎

（7）其他类

如雕拐子龙沙发等。

◎ 雕福庆沙发 ◎

第四节

京作硬木家具的技艺特色

京作硬木家具的技艺特色主要有榫卯结构、烫蜡技艺、雕刻技艺、镶嵌技艺四大类。

一、榫卯结构

我国家具艺术历史悠久，中国传统家具在结构上区别于西方家具的最大特点，就是采用精巧准确的榫卯结构将家具的各部件紧密地连接在一起，成为结实牢固的整体。红木家具大部分继承了明清家具的传统工艺，构件之间完全不用金属钉子，鱼鳔黏合也只是作为制作家具的一种辅助手段。榫卯设计的科学性、工艺的精湛性、榫卯结合的严密性，都令世人惊叹不已。

榫卯凸出部分叫榫（或榫头），凹进部分叫卯（或榫眼、榫槽），家具中的榫卯结构被誉为中国古典家具的灵魂，是中国传统木作工艺的精髓。榫卯富有韧性，不易发生断裂，体现了“以柔克刚”的中国文化特色。中国传统家具（特别是明、清家具）能够达到今天的水平，与充分运用榫卯结构有着很大的关联，这一独特的工艺创造，极大地提升了古典硬木家具的艺术价值。

科学合理的榫卯结构，就是在家具制作中运用榫与卯的结合，也是木件之间的多与少、高与低、长与短之间的巧妙组合，它可以有效地限制木件之间向各个方向的扭动。如将一根竖枨和横枨组合成“T”形，通过榫卯结构则不会产生扭曲，而如果用金属物件来结合，一是金属易锈蚀或氧化，二是很容易出现扭曲现象。真正的红木家具在使用几百年后，虽然表面显得相当沧桑，但木质仍会坚硬如初，形状完好，这就是基于榫卯结构的充分运用。

运用榫卯结构组合的家具，一是便于运输、搬运，到了目的地后再进行安装，非常方便。二是便于维护，真正的红木家具可以使用几百年，但也会出现一些小的问题。

可见，使用榫卯结构组合起来的红木家具，可以极大地提升红木家具的内在品质，这也是运用传统工艺制作的红木家具具有增值和收藏价值的重要原因。

（一）榫卯结构的特点

一是坚固耐用。用榫卯结构制作的家具，就是利用原木材本身打造而成的，榫卯本身也属于家具身体的一部分，所以与其有着同样的使用寿命。这种家具不需要一颗钉子、螺丝的配合，因钉子、螺丝一旦生锈、腐蚀、脱落，家具就会散架。而木质榫卯具有极好的弹性，它通过榫卯传力，均衡地分配给家具其他部件，使得家具站立得稳如泰山。所以，用榫卯结构制作的家具更加坚固耐用。

二是环保健康。用榫卯结构制作的家具，除了天然的原木材本身，并没有其他的任何物质添加进去。但不是榫卯结构的家具，则需要用各种黏合剂、胶水等辅助材料才能制成。所以，运用榫卯结构制作的家具更加环保健康。

（二）不同的榫卯结构

红木家具榫卯结构比较复杂，不同的榫卯结构用于家具结构的不同部位，综合地解决了硬木家具的框架结构的美观性和牢固性。而每一个榫头和卯眼都有着明确的固定功能，在整体装配时能有效地分散家具的承重力。这些工艺精巧的榫卯结构，构成了硬木家具独特的工艺特色。但同一种榫卯结构，不同的人称谓也不同。根据王世襄先生所著《明式家具研究》中介绍的榫卯结构，京作硬木家具具有代表性的常用榫卯结构共有30多种。

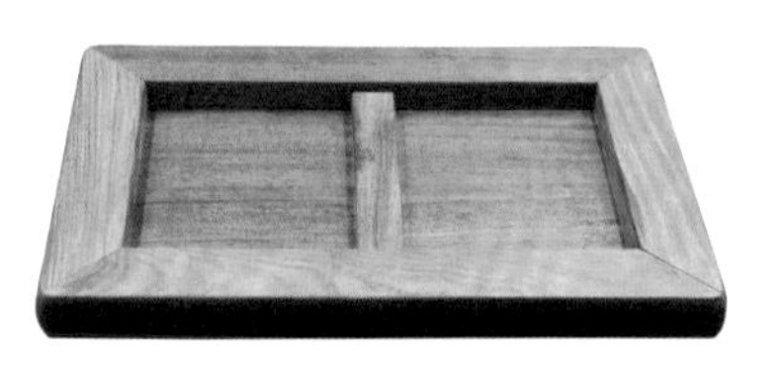

◎ 穿带燕尾槽结构（1）◎

◎ 穿带燕尾槽结构（2）◎

1. 穿带燕尾槽结构

穿带就是采用燕尾榫和直榫连接面芯板与面边的横带，同时又对面芯板的平整度进行控制，防止其变形和翘曲的一种榫卯结构。

2. 死割角（45°角，暗抄手榫）

两个割肩的部件组合时，形成不同的角度，角度为45°的一般叫死割角（通常两个部件的宽度一致），面边、杩头都采用45°割肩，面边出榫，杩头凿卯，对于暗抄手榫的长度应该以面边（杩头）宽度的2/3为准。

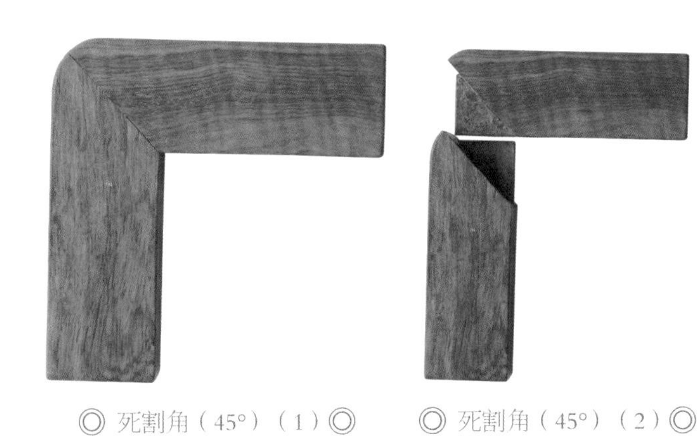

◎ 死割角（45°）（1）◎　◎ 死割角（45°）（2）◎

3. 带束腰把角榫结构

把角榫，就是指能够“把住”面边与杩头的榫卯结构。这种结构常用于面子出帽、束腰收进。把角榫采用平肩与面边连接的形式，主要用于比较矮的家具品类，例如桌类、床类等。把角榫由一长一短两个榫组

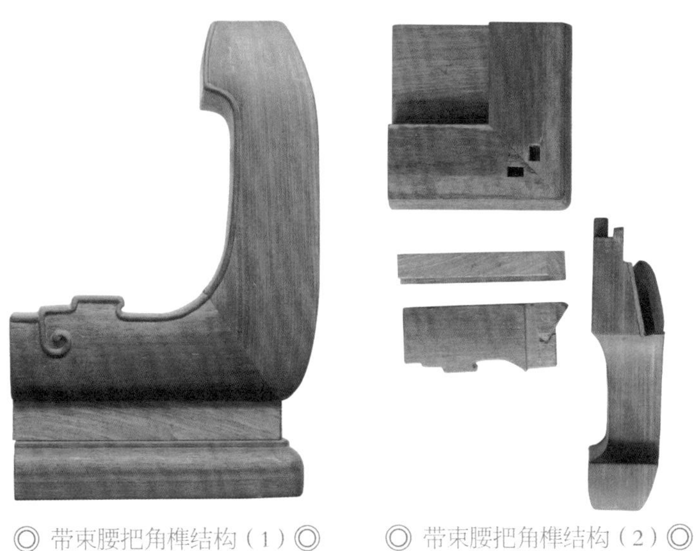

◎ 带束腰把角榫结构（1）◎　◎ 带束腰把角榫结构（2）◎

成，长榫的长度为面边厚度的2/3，与面边下部的卯结合，短榫的长度为枨头厚度的1/3（不能超过割角榫、透榫的下沿），与枨头下部的卯结合。把角榫与各类割角榫的结合起到相互制约、相互强化的受力结果。

4. 插皮榫结构

主要是一些条案类、画桌类、供桌类等腿子与面边连接点内收较多的产品中，腿子厚度高出外部牙板的结构。插皮榫就是腿子上部开双榫与面边连接，在双榫之间开贯通槽，腿子外部形态不变，牙板前后或单侧铣掉，保留部分与贯通厚度一致并且从槽内穿过，同时牙板铣掉部位的“立墙”对腿子起到固定下扎的作用。

◎ 插皮榫结构（1）◎　◎ 插皮榫结构（2）◎

5. 插肩榫结构

主要是一些条案类、画桌类、供桌类等腿子与面边连接点内收较多的产品中，腿子厚度与牙板相平的结构。插肩榫就是腿子上部开单榫或双榫与面边连接，在榫的外部开贯通槽，腿子外部采用上收人字肩的方式与牙板连接，牙板前部按照腿子上收人字肩的角度铣槽，牙板后部依据腿子下扎要求铣槽，牙板后部的“立墙”对腿子起到固定下扎的作用。

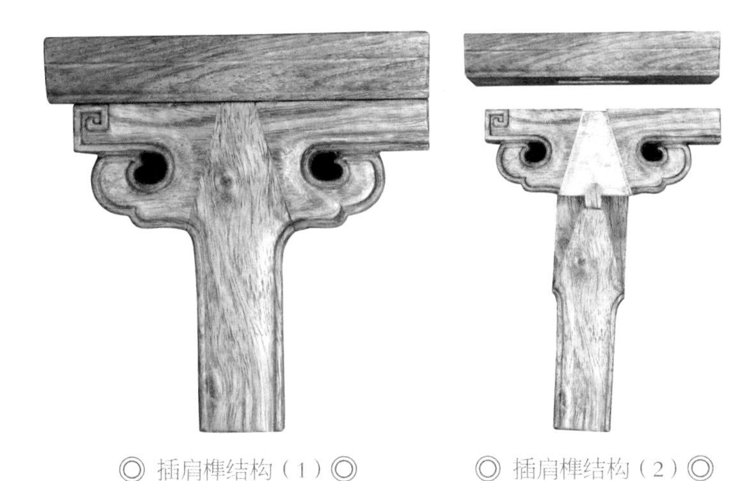

◎ 插肩榫结构（1）◎　　◎ 插肩榫结构（2）◎

6. 粽角三碰肩

在京作家具制作中，这是一种用于“边角攒平”的各类产品中的三碰肩方式。它由面边、杩头、腿子三个部件以及割肩、抬肩和“割角榫”“把角榫”两组结构组成。

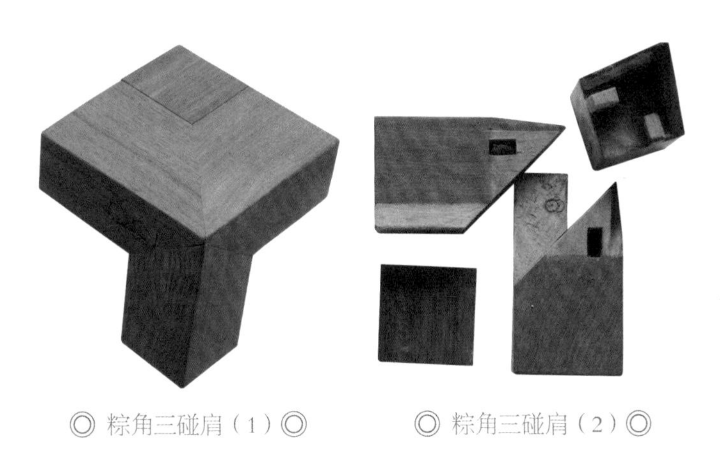

◎ 粽角三碰肩（1）◎　　◎ 粽角三碰肩（2）◎

7. 平牙直腿三碰肩

可分为“一上”或者“两上”，牙板一木连做称为“一上”，束腰、牙板分开称为“两上”。腿子料断面比较小（小于40毫米×40毫米）的直接采用割肩榫卯结构，不做穿销挂榫。腿子料断面大于40毫米×40毫米的采用穿销挂榫结构。在腿子与牙板连接的榫卯结构中加入穿销挂榫，即腿子割肩内部加工出纵向的、上窄下宽的燕尾榫，牙板里

◎ 平牙直腿三碰肩（1）◎　　◎ 平牙直腿三碰肩（2）◎

肩前部铣出燕尾槽，牙板燕尾槽自上而下穿过榫入位。

8. 实肩半榫人字肩

实肩半榫人字肩结构一般用于横断面小于20毫米×20毫米的部件之间的连接结构。所谓实肩，就是指在人字肩与榫之间没有空隙，这样做的目的就是尽可能地增加榫的强度，从而增加产品的牢固度。在实际运用中，这种节点一般不属于能够影响整件产品结构强度的重要节点，之所以采用半榫主要是为了产品外表的美观，例如一些多宝格内部的横竖枨之间的连接点、攒制各种棱格的结构点等。

◎ 实肩半榫人字肩（1）◎　　◎ 实肩半榫人字肩（2）◎

9. 抱肩结构

在京作家具中，一些圈椅的腿踏枨，采用木门轴的柜类产品的门下横枨与腿子的节点多使用抱肩的结构。为了产品功能的需要，枨子的宽度必须要超出腿子的厚度，从节点的外观看又不能显得生硬，要达到一种和谐统一，形成帐子把腿子抱住的形态。

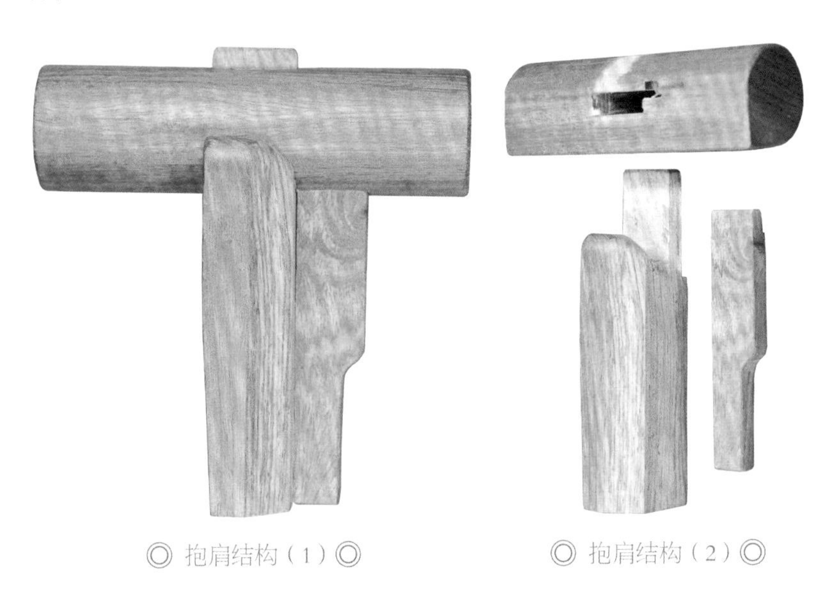

◎ 抱肩结构（1）◎　　◎ 抱肩结构（2）◎

10. 圆包圆结构

圆包圆结构是京作硬木家具许多类产品中采用的结构方法。它的核心就是，从这种结构方法的外观看，是围绕不同半径的一个或多个“同心圆”的方式罗列组合而成的。圆包圆结构包括单层与多层。

单层的如各种规格的圆角柜的面子与腿子，像这样面子的圆角部位的弧线与腿子的外侧圆面呈现同心圆的效果才显得协调、舒服。这种单层圆包圆结构主要是由面边、杩头以及腿子上部的“把角榫”组合

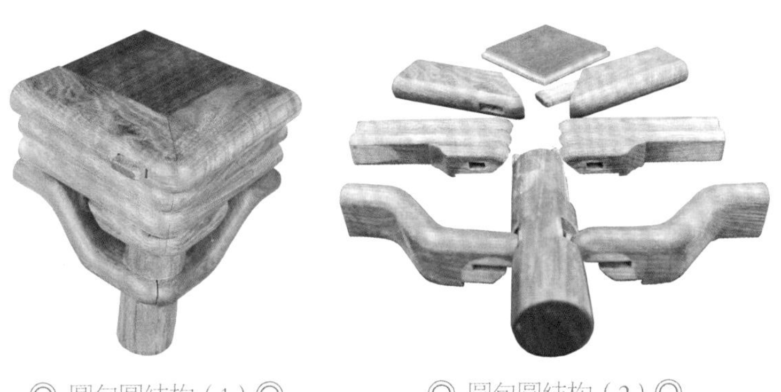

◎ 圆包圆结构（1）◎　　◎ 圆包圆结构（2）◎

而成。

多层结构是指包括面子、束腰、多层枨子与腿子之间的结构组合，它除了包括面边、杩头以及腿子上部的“把角榫”组合以外，还包括束腰与腿子的组合、各层枨子与腿子的组合。

11. 明燕尾扣

明燕尾扣是京作硬木家具中抽屉、衣箱常用的结构。在行内习惯上把燕尾扣的榫称为“公”，把卯称为“母”。抽屉的燕尾扣的“公”一般较大些，燕尾的大小头相差也略小些。衣箱的燕尾扣的“公”要小一些，燕尾的大小头相差也略大些，显得秀气一些。衣箱在加工燕尾扣时要预留开口部位的“明割角”及相应间距。

◎ 明燕尾扣（1）◎　◎ 明燕尾扣（2）◎

12. 霸王枨结构

在京作硬木家具中，霸王枨往往是与高罗锅枨同时出现在一件家具上的结构。霸王枨是连接腿子与面带并对腿子起到一种斜向支撑、拉拽作用的结构部件，也是一种拉长的“S”形部件，在与腿子连接的部位竖向开榫。如果家具是方腿，霸王枨在断肩时要把两肩的内部夹角保持在90°；如果家具是圆腿，霸王枨在断肩时要使两肩的内部形成弧面，用飘肩的方式与腿子贴合。霸王枨开榫断肩后要把榫的上部由外往里做一个倒楔形，在腿子的内侧楞角相应部位凿制卯眼，使卯眼的上部内扣，榫卯交合后，在榫的下方楔入木楔，在霸王枨与面带连接的部位刨掉1/3厚度，斜向断肩，与面带完全贴合后用木销向斜下方连接固定后即可。

◎ 霸王枨结构（1）◎　◎ 霸王枨结构（2）◎

13. 接圈结构（楔钉榫）

京作硬木家具圈椅的接圈结构采用龙凤榫、穿销的结构方法。所谓龙凤榫就是在需要连接的两个部件的连接部位都加工出一“公”一“母”的榫卯结构，具体到圈椅的接圈则是在需要连接的每节圈网子的端部，沿着平行圈的水平面中线，由端头向内延伸50~60毫米，锯掉1/2厚，然后在其端头开出薄厚、长短均为5~6毫米的榫头，在其根部加工出深浅、薄厚均为5~6毫米的缺口，在两根相接的圈网子的连接部位中间位置选取5~8毫米的区间，分别在接近榫头的一面垂直拉一锯，然后用扁铲斜向铲掉，把龙凤榫插合后就形成了木销穿过的斜槽。这样龙凤榫、穿销的结构就算加工完成了。

◎ 接圈结构（楔钉榫）（1）◎　◎ 接圈结构（楔钉榫）（2）◎

14. 走马销结构

走马销是在硬木家具中不同的部件组合之间承担连接、锁紧作用并且能够随意开合的特殊榫卯结构。走马销既可以在"栽入"的木销外露加工，也可以在部件组合内部的透榫透出部分上加工。走马销在实际的运用中要求2个串列一组，少有1个或3个的串列组合。

◎ 走马销（1）◎　◎ 走马销（2）◎

15. 剋榫

在京作硬木家具的产品结构中，有一些部件是需要用剋榫的方法来进行组合的，比较常用的是十字剋榫和六角剋榫。十字剋榫适用于柜格类的后身、中山、侧山，分档椅的下枨，四腿盆架的上、下枨等。六角剋榫就是用3根材料在一个水平面内加工成六角形态的剋榫制作方法。正六角形的圆心角是60°。

◎ 米字剋榫（1）◎　◎ 米字剋榫（2）◎

16. 托泥结构

在京作硬木家具中，托泥有以下几种形态：单一形、方形、圆形、多边形、异形。安装托泥的产品除增加了产品的牢固度，更在产品的外观上增加了稳定、大方、威严、庄重的感觉。

（1）单一形托泥：就是用一根材料制作的部件，在条案、琴桌、书桌充当下脚的功能，分别通过单、双榫与产品的前后腿连接，采用单榫或暗销与产品的侧面各种形状的挡板连接。

（2）方形托泥：分为正方形托泥和矩形托泥两种，是由4根材料采用割角榫透榫或暗抄手榫组合，下部贴足，然后与产品的四条腿、三立面、四立面通过榫卯或者暗销连接后落地的结构。它主要适用于一些椅子、宝座、香几、花台、佛龛以及某些柜类的下脚装饰。

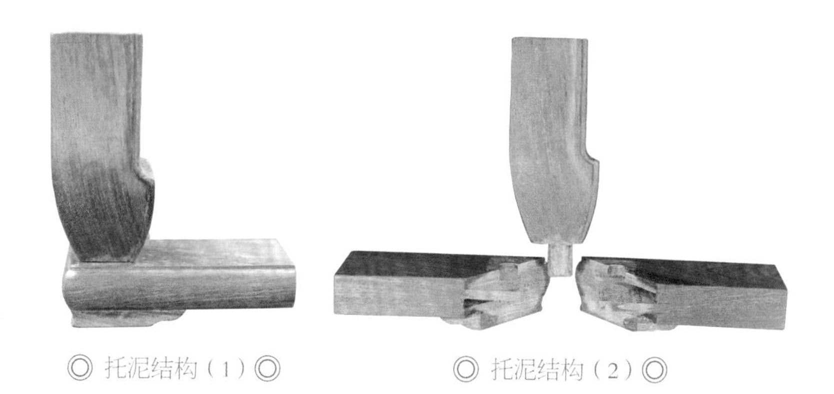

◎ 托泥结构（1）◎　　◎ 托泥结构（2）◎

17. 椅子搭脑结构

京作硬木家具的椅子（出头）搭脑结构依据椅子后腿的断面而定，如果椅子腿断面是圆的，就采用单榫、双面飘肩结构；如果椅子腿断面是方形，则采用双面人字肩结构。京作家具中烟袋锅形椅子搭脑（包括扶手）是一种不出头的结构方式，烟袋锅形椅子搭脑的下料、榫卯结构的加工又是另一种方法。如果是烟袋锅的扶手椅，则其扶手后部榫卯结构采用双面飘肩与椅子后腿连接，前端和搭脑外端烟袋锅操作方法一致。

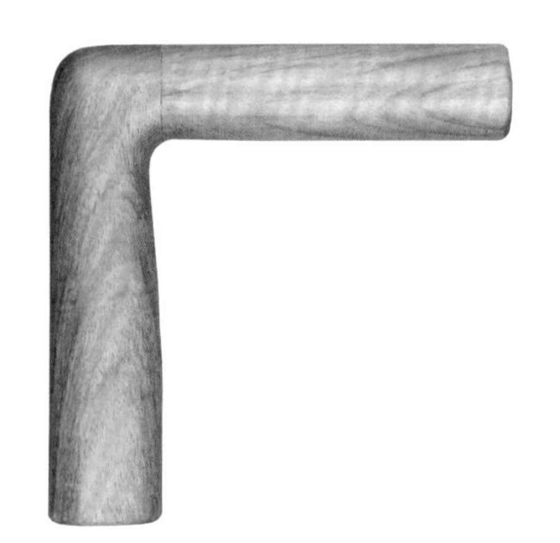

◎ 椅子搭脑结构（1）◎

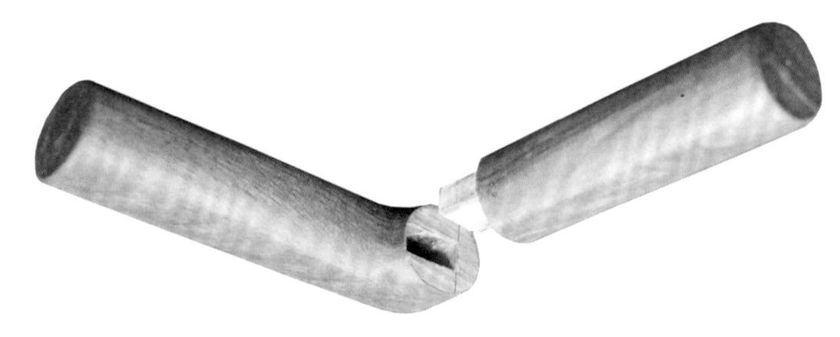

◎ 椅子搭脑结构（2）◎

18. 牙条牙头、圈口结构

在京作硬木家具的条案、桌椅、柜格、台架、屏风、插屏、镜框以及床榻的围栏等各类产品中，都可能使用许多牙条牙头结构和圈口结构。牙条不同于牙板，在整件产品中它只是一种装饰部件，因而不管它的宽度如何（10~150毫米都有），它的厚度一般都在6~15毫米。因为材

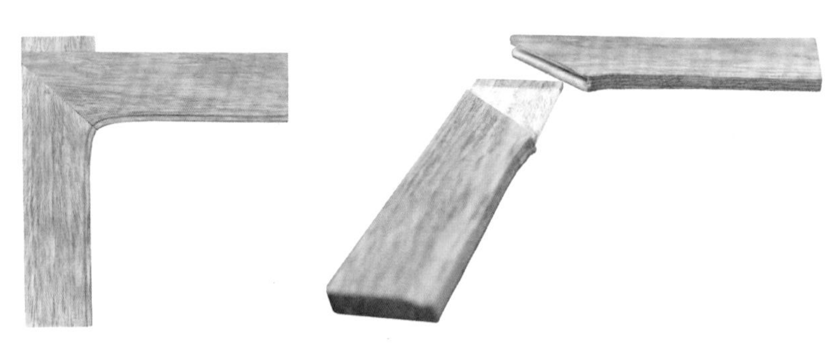

◎ 牙条牙头、圈口结构（1）◎　◎ 牙条牙头、圈口结构（2）◎

料厚度的限制，它一般都是采用单榫、双面割角夹皮榫的结构方法，榫的厚度在2~5毫米（要求占到材料厚度的1/3）。

19. 牙板立销

通过燕尾榫卯结构把面板、束腰、牙板连接组合在一起，能够增加产品的结构强度的小部件叫立销。在京作家具产品中，超过500毫米长度的牙板内部必有1个立销，并且牙板每增加300~500毫米长度需要再增加1个立销。立销根据产品结构、外观造型的不同，基本上分为直销和异形销。

◎ 牙板立销（1）◎

◎ 牙板立销（2）◎

20. 实肩交叉大进小出透榫人字肩

对于横断面小于20毫米×20毫米且相互之间形成“交圈”的下枨与腿子之间的连接，一般采用实肩交叉透榫大进小出的人字肩结构。所谓“大进小出”，是指按照榫的宽度而言，在榫的根部，是榫的整体宽度，在榫前端两榫交叉点后各减掉榫的宽度的一半，在腿子外部两侧看到的透榫的宽度仅为榫宽度的一半。

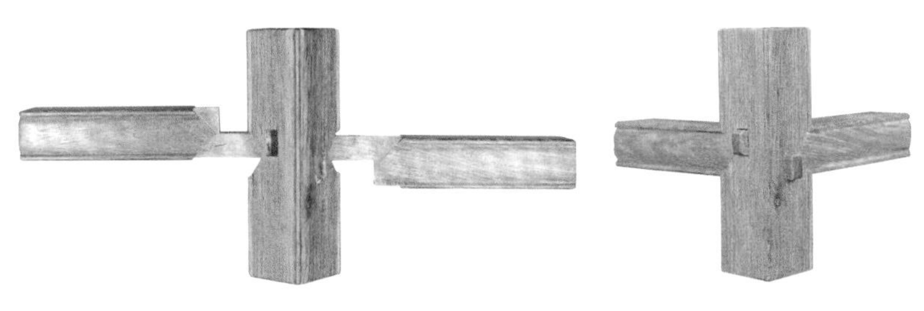

◎ 大进小出透榫（1）◎　　◎ 大进小出透榫（2）◎

21. 椅子腿穿面结构（一木连做）

在京作硬木家具中，所有的椅子腿（各种靠背椅的后腿，各种圈椅、扶手椅的前后腿等）都是一木连做，就是由一根材料做成，采取穿面而过的形式与上部的搭脑、扶手、圈相交。为了防止椅面的下沉，常常采用圈口、罗锅枨、牙条等下托的方法来承载受力，坐板的受力均在牙条与腿子的立木上，而腿子只开装立牙条的一个槽，并没有破坏腿子自上而下的一木连做的材料力学结构，所以这种结构十分稳定。

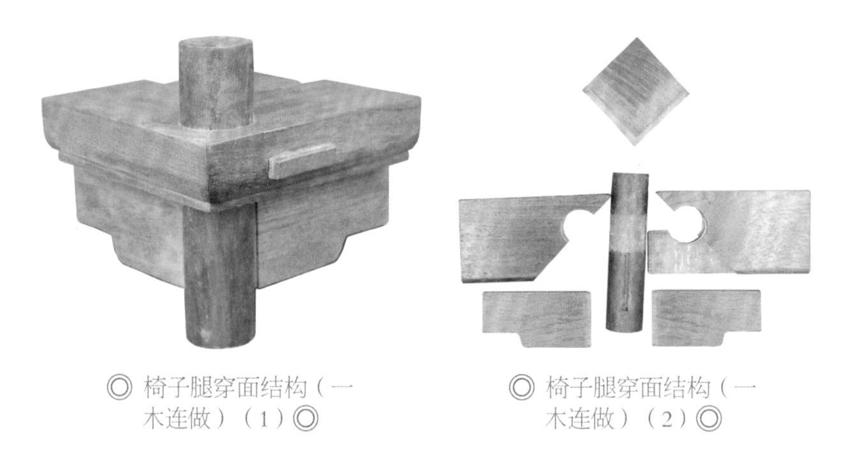

◎ 椅子腿穿面结构（一木连做）（1）◎　◎ 椅子腿穿面结构（一木连做）（2）◎

22. 腿与牙板三碰肩结构

腿与牙板的三碰肩结构，外部由割肩、抬肩、牙嘴、线型组成，内部由各种榫卯结构连接，也有牙板与腿子用直肩、直榫连接的产品，如

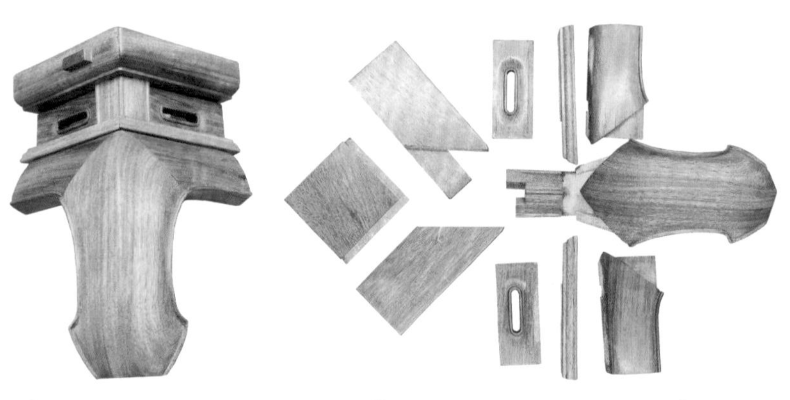

◎ 腿与牙板三碰肩结构（1）◎　◎ 腿与牙板三碰肩结构（2）◎

在腿子上部雕刻兽头一类的产品。在京作硬木家具的腿子与牙板三碰肩结构的制作工艺中，有一点是特别需要强调的：牙板榫头的最大长度一般情况下是腿子宽度的2/3或1/2，卯眼的深度要比榫头长度多2毫米。最重要的一点是，腿子两侧的卯眼绝对不能打通，卯眼外皮与腿子外角每一侧的连接最少也要保证达到（40毫米×40毫米以下断面的腿子）2毫米，大一些断面的腿子要确保5毫米以上。

23. 实肩透榫人字肩

实肩透榫人字肩结构用于横断面小于20毫米×20毫米部件之间的连接。这种节点一般属于能够影响整件产品结构强度的重要节点，之所以采用透榫，主要是为了确保产品的牢固，例如一些由小断面腿、枨攒制的多宝格的下部横枨与立腿之间的连接点等。

24. 拍杩头割角榫

案面为较厚的板材（多为独板），其面芯板与面边为一体。“拍杩头”实为封头形式，若案面不太宽，则可出两个榫与杩头连接；如案面较宽，则可在两榫之间留有10毫米长的簧，在杩头与卯眼之间相应打槽，以避免案面弯曲变形。

25. 圆形面边连接结构

在京作硬木家具中圆形面板一般最少由5块面网组成。常用的有转圈循环单榫结构、暗抄手榫结构、暗夹皮榫结构、暗龙凤榫结构等，异形面边连接结构如椭圆形、扇形、三角形、仿叶形等，也都采用上述结构。

26. 暗燕尾榫

首饰盒、官皮箱、镜支、砚台盒、礼品盒等相对小巧的、由板部件组合而成的产品以及讲究的衣箱等就要采用暗燕尾扣。与明燕尾扣不同的是，暗燕尾扣在加工时除了要预留出开口的部位，还必须预留出割角外皮（依据板材厚度的1/4或1/3即可），“公”与“母”以及它们之间的间距一般采用等分的方式。

27. 木门轴结构

木门轴在京作硬木家具中也是一种比较古老、传统的结构。现在主要是在圆角柜、方角柜上保留了木门轴的做法，这是因为此类产品上面出帽比较大，适宜采用木门轴结构，而对于总体出帽较小的产品，采用木门轴就显得不那么协调了。在木门轴的相关组合中，包括外侧门边、上面边、压门条、门下横枨、前柜腿。

28. 攒拐子、拐头结构

在京作硬木家具中，很多产品都有在一个框架内攒拐子、拐头的造型，过去传统的做法是采用“三榫两皮”燕尾形抄手榫结构，即在需要连接在一起的两根料的端头，一端加工出单燕尾榫、双燕尾卯眼、割肩双外皮，另一端对应加工出单燕尾卯眼、双燕尾榫、割肩双外皮。用这种结构方法攒起来的拐子、拐头优点是牢固结实，不易松动变形；缺点是工艺复杂，效率低，非常不利于机械加工和批量生产。

29. 风车枨

风车枨就是在一个框架内，由4根断面一致、长度对应的材料，按照左旋或右旋的方式，采用单榫单面或双面人字肩、单榫单面或双面飘肩、单榫双面平肩的结构方法制作成的部件组合。风车枨可以单独成形，也可以左旋、右旋相互勾连组合，形成无限延展扩大的形态。

30. 十字连方

十字连方就是在一个框架内，由4根断面、长度相同的小材料组合成“口”字造型，在它的四边中间部位与由2根不等长的、断面与其一致的材料组合成“十”字造型。结构可采用单榫单面或双面人字肩、单榫单面或双面飘肩、单榫双面平肩的结构方法制成的部件组合。

31. 架笼结构

架笼结构主要指京作硬木家具柜类产品门内部，位于柜体中间部位的，上部有装板、下部有抽屉的一种组合。在一般的中小型柜类中，架笼与柜体都做成整体，俗称“死架笼”。它是将前上下枨与3个矮老组装后，直接与柜子的左右前腿或左右山带组装在一起，后上下枨与左右后腿组装在一起，在架笼上装板，一般装在前后上枨与左右山带之间，抽屉溜子装在前后下枨之间。在大型顶箱柜、朝服柜中，一般都做成独一份的一个部分，俗称“活架笼”。它是由前后4根横枨、2根装板、

2根穿带、2根封头料、6个矮老（前边两侧暗矮老的宽度需超出打开的门边的厚度）、4条抽屉溜子、2个抽屉组成。其整体架于柜体山带之上，之所以这样做，主要是考虑到减轻柜体整体搬动时的重量。一些超大型朝服柜的后身、两腮一般也要做成活结构都是一个道理。

二、烫蜡技艺

烫蜡技艺是中国古典家具进行木材表面处理的一种独特的装饰方法，不仅能很好地展现木材优美的纹理，而且能在木材表面形成一层保护膜，以防止外部环境对木材的不利影响。

烫蜡技艺最早被应用在青铜器的表面。据《商周彝器通考》记载“乾嘉以前出土之器，磨砻光泽，外敷以蜡”，可以让青铜器历经千年而不腐，具有很好的保护作用。后来这种独特的技艺被匠人加以运用，并随着技术的逐渐成熟，进而发展应用到红木家具上。经过烫蜡工艺制成的家具，首先，可以减小木材的干缩湿胀，防止家具翘曲变形。其次，可以增加家具的硬度，使其经久耐用，并提高家具的耐磨性，使家具的边线棱角不会因为过度磨损而影响美观。最后，可以减少虫蚁的侵蚀，防止家具因虫蛀腐朽而无法使用。经过烫蜡的家具，使用时间久后，家具表面还会产生“包浆”，它能更好地保护和滋润木材。

“干磨硬亮”是京作硬木家具烫蜡工艺的一句行话，既是烫蜡工艺的重要步骤，也是烫蜡工艺必须要遵循的标准。一件京作硬木家具制作完成后，用含蜡在95%以上的蜂蜡块，局部熔化涂在家具表层，经烘烤加热（夏天可放到太阳底下），使涂在家具表层的蜂蜡熔化渗入木材里约2毫米，之后将布卷折叠，使劲进行不间断的擦拭（也叫赶），使之生热，将蜡赶进木材的木丝棕眼里，并全部涂平，使蜡在冷却后能凝固在木丝棕眼内。然后，再将家具表层的浮蜡拭净。这样做出来的活儿用手摸上去就像抚摩着一块玉石一样，滋润光滑，手感极好，内行人一看做出来的家具就知道是原汁原味。此外，在雕刻图案的烫蜡上，一定要依据不同的图案走向进行打磨烫蜡，这样才能保持图案的完整性和风格，使图案的完美性达到最佳效果。这种擦蜡打光的家具，也称“包浆亮”，是更为讲究的京作工艺。擦蜡打光工艺悠久，产品光泽柔和自然，细腻美观。

◎ 蜂蜡 ◎

使用独特的烫蜡工艺，较好地达到了健康、环保的目的。蜡水熔化后渗入木材内，可以较好地起到对木材的保护作用，也能够充分显示木材的自然美，并为日后的保养与维护提供了极大的方便，非常适合北方地区干燥的气候条件。

三、雕刻技艺

红木家具的雕刻内容、精细程度，最能体现红木家具所蕴含的人文价值。红木家具的艺术性与雕刻的内容息息相关，人物、山水、鸟兽和其他综合类雕刻图案，难度高、花费心血大，对雕刻艺人的技法要求相当高。

雕刻，是红木家具最常见的一种装饰方法，为了使红木家具看上去更加美观，在木工工序完成后，一般都会在家具上雕刻一些简单或复杂的图案来进行装饰，这就是行业内所说的雕刻纹饰。京作硬木家具上的雕刻图案格调高雅，题材大多是传统的喜庆吉祥图案。例如：象征福气的“蝙蝠”，象征吉祥的“如意”“灵芝”等，还有“龙凤呈祥”“万事如意”“二龙戏珠”“喜鹊登梅”“五福捧寿”“松竹图”等。在红木家具的全部工艺中，雕刻工艺可以说就占了一半以上，雕刻图案的重要性，就在于它寄托了人们对生活的一种美好愿望。雕刻对红木家具成品的质量影响很大，在红木家具中，木工工艺与雕刻工艺相结合，才能体现出异曲同工的效果。常用的雕刻技法有线雕、阴刻、浮雕、透雕、圆雕等。每一种雕刻的形式所表现的内容都是有所不同的，各有各的特点。

（1）线雕：是在平面上起阴线的一种方法。雕刻出来的花纹或画面生动优美，线条流畅自如。红木家具上也有用铲地形式表现出阳线花纹图案的，也称为线雕，如桌案的牙条就经常用到这种手法。

（2）阴刻：是指凹下去的雕刻方法。如花、叶的脉，动物的羽毛等。线雕和阴雕虽都有阴纹，但不完全相同，区别是线雕是指有独立意义的阴刻装饰形式，而阴刻只是雕刻的一种具体手法。

（3）浮雕：是指花纹高出底面的一种雕刻形式，浮雕在家具装饰中用得最多，通过浮雕底层到浮雕的最高面的形象之间互相重叠、上下穿插，具有深远和丰满的优点，如柜门、太师椅的靠背等。浮雕根据花纹高低程度又分深浮雕和浅浮雕两种，在深浮雕和浅浮雕中又有见地和不见地之分。

（4）透雕：也叫“锼活儿”或“锼花”，多出现在牙板、屏心和花板等处，使家具呈现出通透、华美的特色，具有丰富的层次和很强的工艺观赏性。它是将家具某个部位镂空的一种雕刻方法，用来表现雕刻物的整体形象。有些家具需要两面都看到，如座屏的站牙等，也叫作“双面雕”；有的一面雕刻，另一面平素不雕。镂空的方法是使用锼弓锯，将雕刻图案多余部分锼空后再进行。

（5）圆雕：是一种立体的雕刻形式，常用于宝座、衣架等，就是将其雕刻成龙头或凤头。如家具中的端头、柱头、腿足等，以及各种各样的卡子花。雕刻需要根据家具主体设计要求和木材的材质全面考虑，只要雕刻技术高明，使用得当，就可以起到画龙点睛的作用，达到极佳的效果。

如今，随着科技的进步，电脑雕刻机已经出现，只要把电脑上设计好的图案传输到雕刻机上，雕刻机通过电脑运算，可以直接把图形雕刻出来，极大地提高了工作效率。但是，雕刻机雕刻出来的图案非常规矩，横平竖直，线条的粗细一致，深浅一致，雕刻出来的图案比较死板，观赏性不强。

四、镶嵌技艺

镶嵌工艺是中国传统家具最常见的工艺手法。红木家具经过镶嵌装饰后，会进一步提高家具的品位。“镶”和“嵌”，本为两种工艺手法，在家具的运用上，并无直接联系。有镶，不一定意味着有嵌，而嵌，又不单局限在镶上。板芯、边框、牙子、枨子、腿子、帽子，以及家具的任何部位都可以施加“嵌”的工艺。清代末期，人们常把“镶”“嵌”二字合称，形成专用名词。凡嵌有各式花纹的器物皆以“镶嵌”称之。

红木家具的镶嵌工艺，是将不同的材料嵌入硬木家具上起到装饰作用，因所用材料不同而有不同的名称，如嵌珐琅、嵌大理石芯、木嵌、螺钿嵌、象牙嵌、嵌银丝，等等。

◎ 镶嵌珐琅 ◎

第五节

京作硬木家具的图案寓意

我国图饰文化出现较早，几千年前的彩陶、青铜器、玉器直到木器，都不乏各式精美的图案，但远古图案多为先民崇拜的图腾及生产生活场景。随着生产力的提高，图案纹样也逐渐达到了一定的艺术高度。到了明、清，手工业的快速发展使家具制作在这一时期发展到了鼎盛，雕刻题材更加丰富，表现手法也更加具体。

明式家具不重雕饰，主要突出家具自身的造型美和线条美，纹饰寓意比较雅逸。一般以古代螭龙、凤、灵芝、折枝花卉、卷草为主，大都只在局部做精致的雕刻，以求素洁内敛。

清式家具以雕绘满眼、绚烂华丽见长，题材丰富多彩。除明式传统的图案，还有鱼虫、飞鸟等图案，植物纹饰增加了梅、兰、竹、菊、荷花、西番莲等。博古纹亦为清式家具装饰的常用图案，一般饰于柜门或椅背为多，极为雅致。山水楼亭、神话故事等图案也是常用题材。吉祥图案在清式家具中最具特色，如“双鱼吉庆”“凤戏牡丹”“喜上眉梢”“多子多福”等。云纹和回纹在清代家具装饰中最为广泛，尤其回纹可以说是清式家具代表性的装饰纹样，常用于腿足、压条、束腰、椅背等部位。

吉祥图案在我国历史悠久，装饰性、艺术性非常强，各种题材来自生活，又高于生活，常以不同的形式使人产生联想，激发人们心中的美好企望，产生吉祥观念。在传统的装饰和雕刻中，特别是在古典红木家具中，大多都会用谐音、寓意的图案，通过借喻、比拟、双关、象征等手法，深蕴幸福、吉祥、喜庆之意，体现了中国古典家具雕刻文化的精髓。

一、雕刻图案的种类

1. 几何图形类

“卐”字（原佛教符号，寓吉祥万福万寿）、曲尺纹、回字纹、十字连方、锦地纹等。

2. 图腾类

比较常见的是龙凤纹。有具体逼真的龙，还有简易龙纹，如草龙、螭龙纹，以及完全抽象成曲尺状的拐子龙。这种拐子龙装饰图案在清式家具的扶手等处极为常见，显得比较庄重严肃。

云龙图案也是比较常见的装饰，吉祥而隆重。云龙的主题是云中之龙，所以图案上龙形要突出醒目而生动。龙在云中盘旋有力，云有上升或流动感者最佳。

3. 文字图形类

多为寿字、福字和福寿变体字等。

4. 神话故事类

如明八仙（八仙人物）、暗八仙（实际上是八仙使用的各种法器）。

5. 花草类

如松、竹、梅、兰花；牡丹，寓富贵；西番缠枝莲，寓子孙万代，富贵连绵；葫芦，寓子孙多多、连绵不断；灵芝、水仙、寿桃，寓灵仙祝寿；佛手，寓多福寿；石榴，寓多子。

6. 动物类

如鹤（寓延年）、鹿（禄）、鱼（有余）、蝙蝠（福）、鸳鸯（寓夫妻和睦）、喜鹊（寓人心喜悦）、五蝠捧寿（福在眼前）、蝙蝠衔玉下挂双鱼（寓吉庆有鱼）、喜鹊落梅枝（寓喜上眉梢）、麒麟回首（寓麒麟送子）等。

7. 生活场景类

有农耕图、游春图、高士读书图、百子游戏图等，主要寓太平富足生活。

8. 天象类

祥云纹：升云、团云、流云、勾云等。山水图案：江山万代、日月普照等。

9. 物品类

如博古图，由鼎、宝瓶、香炉等各种宝物构成高雅静洁的博古纹。还有花瓶里边插如意，寓平安如意等。

二、常见的雕刻图案

京作硬木家具常用的雕刻图案有28种。

（一）龙纹

明、清宫廷家具多用龙纹做装饰，在民间非常少见。明代龙纹的特点是：无论龙身是什么姿态，其龙发大多从龙角的一侧向上高耸，呈怒发冲冠状。明中期前多为一绺，到明晚期多为三绺，进入清代后则呈披头散发的样子。至乾隆时期，龙的头顶现出七个圆包。龙的眉毛在明万历以前大多眉尖朝上，万历以后大多朝下。龙的爪子在清代康熙以前多为风车状，到了乾隆时期开始并拢。乾隆以前的龙纹大多姿态优美，苍劲有力，至清后期，龙身臃肿呆板，毫无生气，龙鼻子也大起来，俗称“肿鼻子龙”。

龙的形象作为家具的纹饰，常见的有以下几种变化：正龙、升龙、降龙、行龙、戏水龙、穿云龙、戏珠龙、苍龙教子。

◎ 龙纹 ◎

龙纹装饰可以分为常规和变体两种。前者指牙角鬃发俱全，鳞片爪尾分明；后者则更加图案化，各部位不一定刻画得明确完备。所谓的“草龙”（螭龙）和“拐子龙”（夔龙），明代家具中使用较多。草龙的特点是龙尾及四足均可变成卷草，并可随意生发，借意取得卷转圆婉之势。拐子龙特点在龙足、龙尾高度图案化，转角呈方形，即所谓“拐子”。

（二）常见的吉祥图案

吉祥图案大体有四种形式，即谐音、谐意、象形、组合。其中谐音最为普遍。

◎ 福庆安康 ◎

1. 福庆安康

借蝠与福同音，磬与庆谐音，设计出蝙蝠口衔乐器古磬图案，寓意生活幸福，家人健康。

2. 连年有余

由荷叶莲花，配以鲤鱼组成图案，借莲与连、鱼与余谐音，取意每年生活富足。

3. 事事如意

柿子，是古代中国家庭过年必备的年货之一，因柿谐音事，古人便将诸多种喜庆吉祥的内涵融入其中，如“事事如意”“事事安顺”等。事事如意在雕刻图案中，以丰满成熟的柿子为形体，再配以宝物如意，构成主题，寓意心想事成，图取吉利。

4. 四季平安

以枝干上有四朵盛开的月季花安插在花瓶中，象征一年四季平安吉祥。

（三）常见的谐意图案

即以汉字取意。把汉字图形化，穿插于多种图案中，点缀吉祥含义。例如，在一幅图案中，以长有仙桃的枝干盘折成象形寿字，点明祝寿主题，喜庆吉祥。还有把多个吉祥汉字合成一个组成字形，作为图案，例如招财进宝、日进斗金、福禄寿喜、黄金万两等。

◎ 福禄寿喜 ◎

（四）以物体象征吉祥的图案

1. 螭虎闹灵芝

螭虎龙口衔灵芝，爪擎叶蔓，追逐嬉戏，活灵活现。灵芝自古被称为仙草，可以祛除百病，寓意瑞兽献灵，保健安康。

◎ 螭虎闹灵芝 ◎

2. 海水江崖

图案中，海浪如潮，崖石挺立，寓意福山寿海，多用于龙袍，官服袖口、下摆，常与龙纹、禽兽纹等相配使用，有绵延不断、福山寿海、一统山河、万世升平、江山永固等寓意。

◎ 海水江崖 ◎

3. 龙凤呈祥

借龙凤祥瑞之气，寓意夫妻和睦、婚姻美满。

4. 松鹤延年

以不老松、童颜鹤发比喻老人高寿、企望长生。

5. 琴棋书画

把古琴、棋子、卷书、轴画绘于图案，取意才华横溢、无所不通。

6. 指日高升

以大座屏为背景，图案中一轮太阳在海面上徐徐升起，取意官运亨通。

7. 一本万利

以一大串葡萄为主题图案。葡萄珠很多，葡萄粒与利谐音，寓意一本万利。

◎ 鸾凤和鸣 ◎

8. 富甲天下

图案中牡丹盛开，寓意国色天香，艳冠群芳，富贵荣华甲天下。

（五）鸾凤和鸣

两只美丽的凤头脉脉含情，或依偎，或相对，历史上称为“鸾凤”，为“鸾凤和鸣”之意，象征夫妻恩爱，也是古今婚礼祝贺之词。

（六）麒麟纹

麒麟也是神话传说中的瑞兽。麒麟纹形象地融合了龙首、马身、马蹄、蛇鳞、牛尾等特征。晋代出现“麟吐玉书”之典，称有麒麟吐玉书于孔家，书上写着“水精之子孙，衰周而素王”（意为未居帝位而有帝王之德），次日孔夫子出生，孔子遂被后人称为“麒麟儿”。麒麟儿在民间寓意为家里有出息的孩子。随着麒麟儿和“麒麟送子”含义影响的日益广泛，麒麟纹成为早生贵子、子嗣繁盛的象征。麒麟纹有多重含义，但在清早期家具纹饰图案中，它专指“麒麟儿”“麒麟送子”。明式家具上的这类图案直接表达了祈子求嗣的愿望，婚姻中的求嗣祝愿是这种纹饰图案深厚的社会心理基础。

◎ 麒麟纹 ◎

（七）石榴纹

石榴具有一果多子的特征，即“千房同膜，千子同一”的特点，民间喻以“多子”“榴开百子”，取其子孙繁多之吉祥寓意。在一些明式

◎ 石榴纹 ◎

◎ 喜鹊登梅 ◎

家具上可以见到石榴纹图案。麒麟纹的寓意源于杰出人物的传说，而石榴纹的寓意源于多子的形象，都表达了祈求子嗣的愿望。

（八）喜鹊登梅

家有婚庆喜事，绘制喜鹊致喜是中国人约定俗成的习惯，这是我国谐音取意文化中突出的代表。流传最广的是喜鹊登梅之报喜图，以“梅”谐“眉”音，又叫“喜上眉梢”。而一只獾和一只喜鹊在树上树下对望图案，又叫“欢天喜地”，以“獾”谐“欢”音。还有喜鹊仰望太阳的图案，称为“日日见喜”。这些都是喜庆风俗中最直观、最常用的图案。

（九）五蝠捧寿

在我国传统文化中，蝙蝠改变了现实当中的形象，而被表现为一种外形美观、寓意吉祥的纹样。由五只蝙蝠与寿元素（包括寿字纹、寿桃纹、寿仙纹）组成的“五蝠捧寿”是一种常见的吉祥纹样，在家具花板的四周各雕一只精美蝙蝠，中间正面雕一只大蝙蝠，口衔寿字，合成图案。借“蝠”与“福”谐音，象征福寿安康。五，泛指长命、富贵、安康、积德。

◎ 五蝠捧寿 ◎

（十）葫芦万代

葫芦是中国最原始的吉祥物之一，其是由圆构成的，象征着和谐美满，不但在古代人民的物质生活中占有重要地位，而且与文学、艺术、宗教、民俗、神话传说的关系也十分密切。葫芦谐音“护禄”“福禄”，人们认为它可以祈求幸福。葫芦里的籽很多，寓意“子孙万代，繁茂吉祥”。

◎ 葫芦万代 ◎

（十一）狮子纹

狮子，在我国传统文化中更被认为是祥瑞、镇邪之兽，古人认为狮子不仅可以驱邪纳吉、镇守陵墓，还能预卜洪灾、彰显权贵。出现多个狮子的场景，大多可以解读为“五世其昌”“六世同堂”“九世同居”的美好寓意。

◎ 狮子纹 ◎

（十二）博古纹

博古纹起源于北宋大观时期。徽宗命大臣编绘宣和殿所藏古器，名曰《宣和博古图》三十卷。后取该图中的古器纹样装饰家具，这些装饰纹样统称“博古”。进入清代，博古在家具上使用较多，寓意清雅高洁。

据传说，京作家具中博古纹饰的大面积使用，一个主要的原因是雍

◎ 博古纹 ◎

正与乾隆时期的文字狱。

因为文字狱的寒蝉效应，当时的读书人为了避免殃及池鱼，对时政时事避而不谈，雍乾朝的天下文人们纷纷以上古器物作为治学研究对象，导致考据学盛行，一时间对汉玉唐彩宋瓷元青花的关注达到空前的程度，人气最盛的当数青铜器与玉器。自然而然地，博古纹饰就成了那个年代的主流审美标签。

（十三）佛教的八吉祥图案

寓意消灾灭祸。法螺——妙音吉祥；法轮——圆转不息；宝伞——张弛自如、保护众生；华盖——解脱众生病苦；莲花——圣洁、出淤泥而不染；宝瓶——福智圆满不漏；双鱼——避邪、解脱坏劫；盘长（吉祥结）——回环贯通、连绵不绝。

（十四）暗八仙

铁拐李的葫芦能炼丹药救众生；吕洞宾的宝剑能镇邪驱魔；汉钟离的扇子能起死回生；韩湘子的笛子妙音令万物生长；曹国舅的阴阳板一鸣惊人、万籁无声；蓝采和花篮中的花果能广通神明；何仙姑的荷花洁净不污、修身养性；张果老的渔鼓，据传听了它的声音可以了解前生后世的事情。

（十五）百子图

百子图即传统绘画中的婴戏图。百子图分为两种：一是社会写实类，二是寓意象征类。后者使用更为普遍，画面构图程式化，带有祈求多子的寓意象征。

其他常见形式还有拐子龙、灵芝头、如意头、西番莲、冰裂纹、卷草纹、博古组合等，题材繁多，不胜枚举。

第四章 龙顺成古旧文物家具修复技艺

第一节 古旧文物家具修复宗旨及原则

第二节 古旧文物家具修复工艺流程

龙顺成是设计、制作、修复、销售、展示与咨询相结合的现代企业。从“龙顺”创立至今，企业一直致力中式古典家具的制作与修复，并分别在东城区永外大街64号和海淀区西三旗建材城中路27号龙顺成生产基地建有200多平方米和1000平方米的古旧文物家具修复车间。古旧文物家具修复人员均为具有丰富经验的技师和家具制作能手。龙顺成在古旧文物家具修复中，始终坚持古旧文物家具修复是一件特殊的工艺技术，是还其以完整，而不是粉饰与做作，是唤回古旧文物家具固有的生命，而不是简单生硬的“治疗”。在修复工作中，不能有一点马虎，每一道工序都要对顾客负责，对历史负责，尤其在对古旧文物家具进行打磨时，要将家具上原有的“包浆”等历史遗留下来的各种痕迹完整地保留下来，还古旧文物家具以历史原貌。

龙顺成在古旧文物家具修复上，具有得天独厚的优势条件，由于历史的原因，龙顺成在过去近百年间收集了上万件散落在民间的各种古旧家具部件，而这些部件由于都是上好的硬木材料，纵然经过百余年的风雨侵蚀也不腐烂、不变形。这为修复工作提供了坚实的基础，可为修复古旧文物家具提供大量的与原古旧文物家具同年代、同材质的原材料。

第一节 古旧文物家具修复宗旨及原则

龙顺成在古旧文物家具修复中，坚持“保护为主，抢救第一”的修复原则，本着科学严谨的精神，开展古旧文物家具修复工作。运用百年传承下来的修复技艺，忠实于所修复器物的原状和历史原貌，充分展示古旧文物家具的历史价值和文物价值，龙顺成以其特殊的传统技艺为人类社会文明发展服务。

对古旧文物家具的保护和修复，是挽救文化遗产的重要组成部分。

正如与古典家具打了一辈子交道的龙顺成老艺人王绍杰所说：“古典家具修复是一种特殊的工艺技术，是还其以完整，而不是粉饰与做作。”龙顺成对古旧文物家具修复的每一道工序，都有严格的修复标准及工艺流程，修复质量的监控始终贯串于修复工作的始末，并制定有一整套严格的修复规定。遵循“按原样修复”和“修旧如旧”的原则，按原形状、原尺寸、原材料、原工艺，原状修复，通过修复工作使其再现历史原貌；以“变修复为保养”的修复技法，尽最大努力来维持古旧文物家具目前所处状态的稳定性，带着对所保护对象的历史和文物方面独到的鉴赏力来完成保护工作，确保家具所携带的历史信息的完整性及其文物价值的稳定性；保持原有家具在常年使用过程中留下来的“包浆”，这层“包浆”往往也是判断家具新旧的佐证；复制部件在修复中做到准确，在弄清楚它的来龙去脉以后，进行分析比较，然后再制订修复方案；对家具上的每一个细节（如记号、印记等），做到不损毁，修复过程中把握分寸，避免将小的、富有魅力的瑕疵当成伤残而毁掉；尽量多保留原材料，少添新材料，这不仅有利于后人对家具发展史的了解，而且对于那些存世较少，尚处于完好状态的家具，还可以提升它们的经济价值；随着修复工作的进程，以文字和照片的形式，将修复技艺和信息记录下来，使修复工作过程更加透明，也为后续工作打下基础。同时，为增加修复工作的透明度，在修复古旧文物家具期间，如果顾客对用材、技术等方面不放心，均可以亲自到修复车间参观检查。

古旧文物家具的修复是一个极其复杂的过程，需要经过多道工序（拆解、清洗、木工整修、选料与配料、试装与组装、配铜活、精打磨、擦蜡等）和严格的质量检验。为了保存其古旧的神韵，均需要以精湛的传统手工技艺作为主要的修复手段。修复时，首先要在家具的不同部位标上序号（方便以后安装），然后拆卸、清洗，以便把榫卯等处的胶、泥等污迹清洗掉，如果清洗不干净，修复后的牢固程度将受到影响。然后，配料工人根据家具的原有木料材质选材，要做到材质必须统一。在龙顺成古旧文物修复车间的材料库中，有大量从无法修复的古旧家具上保存下来的部件被整齐地堆在一起供修复古旧文物家具之用，选

◎ 古旧文物家具修复中（上图：常会山；下图：杜润秀）◎

材结束后按原样进行加工，然后打磨、烫蜡，最后组装。

龙顺成将传统修复技艺演绎得绚丽多姿，它不仅可以按照所修复的古旧文物家具的材质、制作年代、造型、损坏程度的不同而采取不同的修复方法，还能完整地保持原有家具的历史风貌和岁月痕迹，而且修补之处无明显痕迹。

古旧文物家具修复是把古旧文物家具传统文化、传统工艺与现代科学技术结合起来，是一项技术性、艺术性很强的工作，古旧文物家具的类别不同，修复方法也不同，因此要综合掌握多方面的知识，结合科学的措施灵活运用。修复前首先要分清古旧文物家具的类型，根据不同的类型，按照不同的原则进行修复。例如文化价值或历史价值较高的精品古典家具，或流传于民间的、采用比较名贵材料制作的古旧家具，或者传世数量较大的普通柴木家具，可以根据不同情况，采取“保旧”“留皮”（古旧家具脱漆后保留花皮做简单处理，保留老家具的色调和木质效果）或“翻新”处理。

修复古旧文物家具，应对所修家具的时代背景、材料性能、榫卯结构、油饰（烫蜡）工艺等进行了解与熟悉，尽量保持相同的材料、形式特征、制作手法、构造特点等。同时要遵循修复的可逆性原则，即修复失败时应该能够恢复到原状。这就要求在修复时不用铁钉和化学黏合剂，以免破坏古旧文物家具榫卯接合、易于拆修的特点。

单纯的拼凑式修复并不是对古旧文物家具的挽救，只有通过修复保持住每一个部件所遗留下来的历史痕迹，修复工作才有价值。龙顺成从古旧文物家具进厂到完成修复，拆解、清洗、整修、选料、配料、试装与组装、配铜活、精打磨、擦蜡等各工序都是紧密相连的。尤其是在选料上必须做到材质统一，并选用同一年代的部件进行修补。如此修复出来的古旧文物家具，从结构、纹理、材质等多方面看起来，都跟修复之前的家具原形相匹配。

龙顺成在古旧文物家具修复过程中，一般遵循以下三个原则：

（1）修复古旧文物家具的目的，是还原被修复器物的历史真实面貌，严格遵守“不改变原貌”的原则，在实施修复过程中，须忠实于古旧文物家具的原状和原貌，在需要进行补配、调色、图案纹饰修补等工艺时，认真仔细查找确凿的参照物、照片、图像资料，在没有确切依据的情况下，不主观臆造、随意添加改变。

（2）在古旧文物家具修复中，所选用的同年代材料与原器物材料应相符，并达到一致。同时，可以使将修复的器物进行重新修复处理。

（3）对修复的古旧器物上所保留的历史信息做到保存完整，使之在今后的研究中不受任何影响。

在多年的修复工作中，龙顺成所采取的修复措施已经过实践证明，是行之有效的，并得到了社会各界的认同。

古旧文物家具修复工艺流程

随着传统文化的回归，古典家具越来越受到人们的青睐。但是，由于年代久远，无论是收藏家的藏品还是普通百姓家的传家宝，大部分都已破损，有的甚至已经残缺不全。如果修复方法不当，破坏了原有家具的结构和风格，其历史文化价值将受到很大影响。

一、修复前的准备工作

在修复前的准备工作中，一般包括以下三个方面的工序：

1. 记录

首先对古旧文物家具进行拍照，加以文字描述，以记录下家具破损部位及破损程度。编制修复计划，根据家具的破损程度，制订完整的修复计划及相关的技术标准，按步骤填写修复工艺流程表。

2. 拆解

仔细观察家具结构，在家具的不同部位上标上序号（方便以后安装），按照原家具组装时的顺序把家具拆开。拆卸时要注意保持家具的完整性，尽量避免破坏包浆（对于保旧工件要特别注意）或形成新的损伤。

3. 脱漆（保旧工件除外）清洗

家具拆卸后，如果进行翻新处理，可采用不同方法去除古旧家具的漆膜（部分古旧家具的表面处理采用的是上漆工艺）。清洗家具部件要用热水浸泡，以便把榫卯等处的胶、泥等污迹清洗掉，如果清洗不干净，修复后的牢固程度将受到影响。

二、修复步骤

（一）木工

在修复工作中，木工一般需四个方面的工序。

1. 选料

观察古旧家具本身的木质、损坏的程度及部位，选用同质、同色、同花纹的老料木材。

2. 配料

根据加工要求和家具各部位的受力情况，进行合理配料，要求无裂、无疤节、无腐烂，保证家具的强度和外观一致性。

3. 加工

根据家具零部件的质量及技术要求，对选好的材料进行加工，例如加工不同形式的榫卯结构、打孔、钻眼、曲面加工等。

4. 试装

将各部位修整后的零部件进行初装，要保持原来外观各部件以及框架结构的严密、合理。

（二）雕刻

对古旧文物家具残缺件中带有雕饰的部件进行拓样，保持古旧家具原始的雕刻手法（如线雕、浮雕、透雕等）。

（三）打磨

打磨分为木材表面修整和漆面修整。一般情况下，打磨时间与加工时间基本相当，保证配件光洁度、手感等基本与家具相同。木质零部件表面，在打磨前先用刀修整，这样才能够打磨得光滑。

家具漆膜的打磨，厚的桐油漆面需用喷灯烤化漆面后进行打磨，较薄的漆膜可用刮刀进行处理。漆面打磨的总体要求是不留死角、不留油污、色泽均匀一致。

（四）油饰（烫蜡）

传统家具的油饰主要包括制漆、选料、刮漆泥子、配色、油漆等，通常要经过打磨、着色、揩漆、复漆、擦蜡等工序。一般情况下，一件硬木家具在上头道漆后，要再上四到五道面漆，上两次色，加上揩漆和复漆，一共需要八至十道漆，由木质的好坏而定，木质好的上面漆和复漆的道数可适当减少。

（五）装配

修复后的古旧家具的装配，主要包括金属件的安装、家具部件的装配，以及最后的总装配等工序。总装配时要根据家具原有结构进行合理组装，做到榫卯结构严密，边框平直、无胶痕，表面光滑，四脚平衡。

（六）检验

在整个修复工艺流程中，每道工序均要按照相应的质量、技术标准进行检验，最终的成品经过严格、全面的质量检验后，合格的成品入库或交付用户。

三、龙顺成可修复的古旧文物家具

1. 可修复的古旧文物家具材质

（1）黄花梨木类

（2）紫檀木类

（3）老红木类

（4）酸枝木类

（5）鸡翅木类

（6）花梨木类

（7）金丝楠木类

（8）乌木类

（9）铁刀木类

2. 可修复的古旧文物家具类别

（1）桌案类（炕桌、炕几、炕案、香几、半桌、方桌、条几、条案、书桌、书案、画桌、画案等）。

（2）椅凳类（杌凳、坐墩、交杌、长凳、椅、宝座等）。

（3）床榻类（榻、罗汉床、架子床等）。

（4）柜架类（架格、亮格柜、圆角柜、方角柜等）。

（5）屏风类（包括由多扇组成的屏风、座屏、挂屏等）。

（6）楹联与其他类（笔筒、闷户橱、提盒、镜台、官皮箱、微型家具等）。

（7）支架类（盆架、灯架等）。

第五章 龙顺成京作技艺传承

第一节 龙顺成京作传承脉系

第二节 龙顺成各时期负责人

第三节 龙顺成京作匠人

第四节 龙顺成京作技艺的发展

龙顺成京作传承脉系

清同治元年（1862年），一个制作和修理明、清古典家具的木器小作坊在晓市大街的鲁班胡同附近成立了，经过不懈的坚持和努力，逐渐在众多同行中脱颖而出。正是这个叫“龙顺”的小作坊，铸就了一个传承百余年的金字品牌。

龙顺成从当初一间简陋的小作坊，发展到现在总资产达14234万元，集红木家具制作、咨询、木材加工、古旧文物家具修复、中式装修等于一体的京作硬木家具擎大旗者，在150多年的传承与发展过程中，见证了以王木匠为代表的第一代龙顺人艰苦创业的豪情；以魏俊富为代表的第二代龙顺成人大胆变革的气魄；以陈书考、李永芳等为代表的第三代龙顺成人为国创汇、为国争光的干劲；以种桂友、孟贵德等为代表的第四代龙顺成人开拓进取、光大京作家具传统技艺的执着。今天，龙顺成的第五代京作硬木家具传统技艺工艺大师们，已从前辈们的手中接过接力棒，为龙顺成再续辉煌。

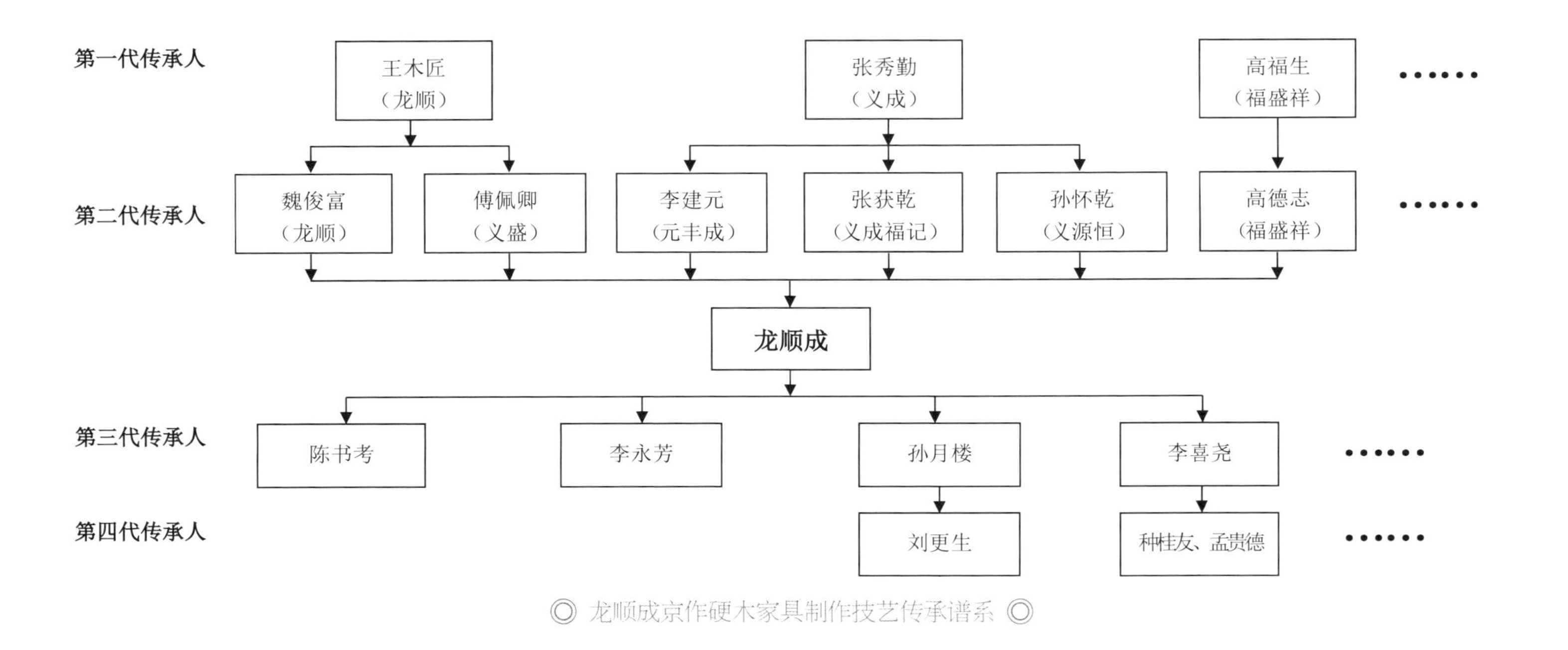

◎ 龙顺成京作硬木家具制作技艺传承谱系 ◎

第二节

龙顺成各时期负责人

龙顺创始人（1862—1902年）

王木匠

1902年，吴侯氏和傅佩卿入股龙顺，改名为龙顺成桌椅铺。三家掌柜按股分成，不参与经营。

龙顺成桌椅铺（1902—1956年）

邢玉堂　魏俊富

龙顺成木器厂（1956—1966年）

芦天荣　王振海　郝瑞萍　瑞连山　马修波　陈书考　李永芳

北京市硬木家具厂（1966—1984年）

陈书考　马宁修　董永昌　任义忠　江永靖　郑跃宏　徐康泰

北京市中式家具厂（1985—1993年）

徐康泰　赵清海　纪文生　郭任中　刘树勋　乔安全

北京市龙顺成中式家具厂（1993—2010年）

乔安全　段建国　王东　胡文仲　寇颖跃　周志涛

北京市龙顺成中式家具有限公司（2010年3月至今）

李勇　王志君　赵海涛　于鹏飞　高自强

第三节

龙顺成京作匠人

龙顺成自1862年创立至今，在京作硬木家具技艺传承上已历经五代，每代代表性匠人都以能在龙顺成学习和工作为荣，虽然经历的时期不同，但传承下来的京作硬木家具制作技艺却始终保持不变，延续的仍是清宫造办处传承下来的传统制作技艺。龙顺成继承并发展着民族传统文化，在创新、开拓、维系中，使历史与未来在中国传统家具的发展中得到融合。

一、王木匠（清同治年间人，生卒年不详）

据侯式亨所著《北京老字号》记载，在清朝末年，因宫内造办处活计减少，王木匠也随着众多工匠流出宫外。清同治元年（1862年），他在晓市大街的鲁班馆附近开办了一个木器小作坊，因有造办处的经历，制作和修缮活计出众，在工匠中的口碑很高。于是，他就让自家牌匾上的名号沾了个“龙”字的边，取名“龙顺”。除了接一些宫廷大内的木工活儿外，他还专门制作一些桌椅柜箱等家具，因其产品造型美观大方，质量坚固耐用，深受广大用户的赞许，其制作的家具赢得了“百年牢”的美誉。随着店铺规模的不断扩大，生意越来越好，名号也越叫越响，王木匠也就成为龙顺成的开山立祖的人物，被尊称为第一代祖师。

二、魏俊富（生卒年不详）

清光绪二十八年（1902年），因吴姓和傅姓两家合伙入股，原本的小作坊“龙顺”也更名为更加大气的“龙顺成”，叫“龙顺成桌椅铺”。为了便于管理，名号崭新的龙顺成推行了经理人制度，聘请邢玉堂为经理，全权打理作坊的生产与销售，不但继续为宫廷制作、修理硬木家具，还使经营范围得到拓宽。王木匠的大徒弟魏俊富接任经理后，重视社会发展的需求与变化，不仅使经营品种越来越丰富，产品更加贴近百姓生活，还把工艺讲究、精细，造型美观大方的榆木大漆家具推上了顶峰。当时，一般中产阶级家庭或闺女出阁的嫁妆，都以拥有龙顺成的榆木大漆家具为自豪。同时，龙顺成继续实行质量保真制度，在每件家具的不显眼处写上“龙顺成”三个字，既证明家具的质量，也表明制作家具的态度。在家具制作工艺上，完全秉承宫廷家具在制作和审美上的传统，并在宫廷家具文化与民间文化的碰撞融合中，将京作家具演绎得淋漓尽致。魏俊富是京作家具发展中起到承上启下作用的大师级艺人。

三、李建元（1905—1994年）

北京硬木家具行业里杰出的匠师。河北冀县人。14岁进京，投靠在义成做木匠活儿的家中上辈人，并经他的安排，到一家买卖铺学习做生意。后因感觉天天干杂活儿没有出息，就想学习一门能养家糊口的手艺。于是，不辞而别来到在鲁班馆附近的义成号硬木桌椅铺学习木匠活儿。因其聪明好学，深得大掌柜的赏识。出徒后即开始独立制作和修理硬木家具。1944年，李建元在晓市大街58号创办了“元丰成硬木桌椅铺”。

1956年公私合营后，李建元在龙顺成木器厂担任硬木工段工段长，并负责全厂的家具配料、估工、估料、估价、放样、质量检验以及新产品的开发等工作。1959年，在北京“十大建筑”建设中，李建元和厂里的技术人员一道，与人民大会堂甘肃厅室内家具的设计者杨耀先生（著名的明式家具研究的开拓者和奠基者）合作，按时按质完成了全套黄花梨家具的图纸设计任务。1962年，为配合中央工艺美术学院的教学工作，李建元为该学院亲手制作了数十种传统家具的榫卯结构模具，提升了教学质量，增强了直观性教学。同年，应我国硬木家具出口的需要，李建元再次与杨耀先生（主持设计出口硬木家具）合作，制作了多种硬木家具，参加广州出口商品交易会，得到了外国友人的好评与赞赏，开拓了北京硬木家具走向世界的道路。

作为一名深得真传、技艺全面的匠师，李建元不仅能设计、能制图、能制作，而且还擅长古家具的鉴定。他设计制作的家具，深得明式家具的精髓，比例匀称，造型典雅，因此在老一代北京硬木工匠中是一位出类拔萃的匠师和古家具鉴定家。

四、陈书考（1926年5月—2004年8月）

1940年，陈书考在位于北京市崇文区晓市大街的“龙顺成桌椅铺”学徒，师从魏俊富学习木工。

学徒期间，因其虚心好学，技术水平提高很快，陈书考逐渐成为桌椅铺的生产骨干。1946年，为反对掌柜对工人和学徒工的压榨，争取改善伙食，减少超长的干活时间，陈书考带领工人进行罢工，最终迫使掌柜答应了工人们提出的条件，取得了罢工胜利，他也因此在工人中树立起很高的威信。1960年，因技术好，并具有一定的生产管理才能，陈书考被任命为龙顺成木器厂厂长。1988年退休。退休后继续被返聘，担任企业顾问至2002年。

20世纪六七十年代，陈书考带领全厂职工为外贸工艺品公司来料加工制作了大批的红木家具，特别是“三线绣墩”“如意绣墩”“五腿花台”等，出口到美国、古巴及北欧、东南亚等国家和地区，成为国家出口创汇的重要产品。

1963年，为发展硬木家具生产，根据北京市木材工业公司决定，龙顺成迁往永定门外大街64号新厂址。迁厂时，陈书考厂长提出了“迁厂生产两不误”的号召，并亲自指挥参加大干，“乔迁之喜”盛况空前，全厂人马一起出动，人拉肩扛，星期日也不休息，人人都以主人翁的姿态，发扬艰苦创业的精神，很快就使工厂达到了正常的生产水平。1969年，他领导并带领技术骨干、生产能手圆满完成了庆祝中华人民共和国成立20周年，为天安门城楼制作电视柜的重大任务。

1986年，陈书考特别邀请明式家具泰斗王世襄老先生到龙顺成参观考察，王世襄老先生亲笔为龙顺成题写厂名。陈书考退休后继续被聘任为龙顺成顾问，甫一任职，就成立了“旧活”修复车间，为龙顺成培养了大批专门的技术人才，使龙顺成具备了修复古旧文物家具的专门技艺。1997年，身为龙顺成顾问，陈书考应邀前往美国波士顿大学做短暂讲学，讲学中特别以明式家具的代表作“四出头官帽椅”为实例，讲授中国古典家具的美学蕴含、榫卯结构的巧妙咬合、官帽椅的结构与人体力学及美学特点，得到美国大学教授、大学生及热爱中国传统文化的人士的高度赞赏。

嫡传龙顺成的陈书考是八级木工，这在当时是最高的荣誉，可想而知他多年来在自己最喜爱的木工行当里，下了多大的功夫，流了多少汗水。他最喜欢说的两句话是：“皮楞窜角皮楞框，皮楞错了装不上。”这是从制作工艺的角度说方和圆各有各的要求，要周正（不皮楞），否则家具部件就组装不上。大道至简，一句顺口溜，揭示了木工制作的精髓。在京作红木家具制作上，他不仅技术一流，而且在设计上也是顶尖高手。拼缝时，他不用眼瞄，完全凭借手感，将两块木板侧面刨平，对接吸住，鳔鲛一粘，严丝合缝。

陈书考倾其毕生的精力，赋予明、清古典家具以灵性，在其中延续人生的价值。他在明、清家具的制作、传承、弘扬、保护等方面均做出了突出的贡献。

五、李永芳（1931年3月—2018年10月）

1952年，李永芳到鲁班馆义成桌椅铺学习传统硬木家具的制作。学徒期间，李永芳因聪明好学、悟性高，对每一项制作技术要领和手法都细心观察揣摩，深得张秀勤师傅的赏识，并得到其京作硬木家具制作技法真传。经过多年的历练，李永芳全面继承了张秀勤师傅高超的制作技艺。但他不满足于从师傅那里学到的技能，为掌握更全面的制作技能，他又先后在木工、雕刻、烫蜡等工序苦练多年，成为精通各工序制作技艺的佼佼者。

1960年，李永芳被任命为龙顺成木器厂党支部书记。20世纪60年代中期，为完善企业京作硬木家具制作技艺工艺标准，李永芳利用业余时间跑图书馆、故宫博物院等地查看资料及实物，把大量精美的家具造型、榫卯结构的运用记录下来。在严谨地传承京作家具制作传统技艺的同时，李永芳先后主持制定了龙顺成各工序技术标准、工艺规程，并在硬木家具行业中被普遍采纳，成为北京市的行业标准。

经过多年的制作经验积累，加上对中国古典家具的传统制作方法及对明、清古典家具的纹饰和传统美学的理解，20世纪70年代，李永芳吸取老式圈椅在造型款式设计及美观舒适度等方面的精华，用深厚精湛的技艺设计出具有独特风格的素圈椅，成为圈椅中的经典器型，深受红木爱好者和收藏家的青睐，并被誉为“李氏圈椅”。

1985—1986年，李永芳被派往中国工艺美术总公司香港分公司，负责我国港、澳、台以及东南亚地区的古旧硬木家具修理工作的技术指导。1999—2001年，李永芳举办了三次硬木家具讲座，主讲“明清家具特点与鉴定”“京作硬木家具的特点”等方面的知识。李永芳设计的“拐子沙发”成为龙顺成的畅销产品。

1963年，李永芳在上海参观时，偶然在同行手中再次看到海南黄花梨木。因黄花梨木被普遍认为已经绝迹，所以被当成一般木料用在一些古典家具的次要部位。用李永芳的话说，就是“把黄金当成黄铜了”。在了解了具体情况后，他马上从上海赶回北京，向国家木材局进行了汇报，木材局紧急研究协调发出调令，从海南调拨黄花梨木到京，这样，整整一车皮海南黄花梨木料满载回京。李永芳师傅也成为中华人民共和国成立后第一个发现海南黄花梨的人，被古典家具制作行业铭记在册。

李永芳师傅在家具鉴定方面的独到之处，不仅是识别木材精准，就连雕刻花纹、流派、风格、制作年代他都能一清二楚。他只要看一看家具外形，便知内部结构，敲一敲家具，凭声音便能判断内部榫卯的虚实程度，不愧是硬木家具界最权威的鉴定专家之一。

李永芳还主持参与设计了“中南海紫光阁大屏风”“北京饭店合欢木大屏风”“民族饭店小餐厅家具”等一系列国家安排的国家级外事用品等。

六、朱瑞琪（1934年1月—2018年9月）

江苏省扬州市江都县人，早年在镇江干建筑木工。1954年，22岁的朱瑞琪和八个老乡一起来北京找工作，最终留下来了三个人。最初前门外的建筑工会把朱师傅安排到法华寺，在一位姓鲁的私人老板那儿做柴木家具。1956年公私合营，朱瑞琪便和东晓市鲁班馆的硬木作坊一起并入了龙顺成。1956—1960年，朱瑞琪在龙顺成继续做柴木家具。1960年，做柴木家具的部分独立出来成立了北京木材厂，龙顺成就只做硬木家具了。1962年龙顺成缺人，于是在外地煤矿援建的朱瑞琪又回到了龙顺成开始做硬木家具。

做柴木家具改做硬木家具，困难并不大。因为都是传统工艺，只是结构上有些不相同：柴木家具榫卯相接处是直的，而硬木全做肩，桌角处还要做三碰肩；过去柴木家具桌面做法也不是攒框装板，全部是独板。朱瑞琪做硬木活儿也不用师傅教，一看就会，干柴木出身的他干硬木活比硬木师傅们干得还快，因为他总是站着干活，从不坐着。每天工人们下班后，他都会把工作台旁的刨花木屑清扫干净，每天一大早，早早来到车间烧上开水，又把院子齐齐打扫一遍。他说一辈子干习惯了，坐着会全身不自在。

1980年，龙顺成成立了专门做圆形家具（桌、凳）的圆活车间，朱瑞琪任第一任车间主任。后来，朱瑞琪从生产一线退下来，在服务公司鼓楼门市部做管理工作。当时门市部在三里河有一个，在西四有两个，都是负责收家具、修家具。

七、种桂友（1949年12月—　）

1968年，种桂友进入龙顺成学徒，先后师承朱瑞琪、李喜尧两位老师傅学习木工，后又师承刘群久、陈宪恩两位师傅继续学习。因这四位师傅都是龙顺成京作硬木家具制作出类拔萃的人物，再加上种桂友勤奋好学，做学徒不足一年就可以操作一些简单的硬木家具制作，两年后就基本上具备了独立操作的能力。

20世纪80年代中期，种桂友从生产部门调到销售部门。这时，龙顺成正处于困难时期。以前的产品是为外贸进出口公司来料加工，提供原材料，包销产品，工厂不为订单发愁，不为原材料发愁，现在需要自己出去寻找原材料和市场。为此，种桂友不记得自己跑了多少个地方。

直到20世纪80年代末，种桂友与同事通过跑市场搞调研得来的信息寻到了一线行机。以前宾馆饭店一律用的是现代家具，改革开放以后，外国客人开始多了起来，而他们住的宾馆饭店里摆放的家具，清一色是欧洲的，或者是仿的，都是现代家具，让外国友人感觉不到是到中国来了。于是，一大批宾馆饭店开始采购具有中式风格的家具。由此，龙顺成也开始走上了为宾馆饭店制作中式家具的发展道路，企业开始逐步进入正常运行。

经过多年的工作实践，种桂友掌握了京作硬木家具的各种结构制作方法、制作工艺、绘图、放大样技艺、品相特点以及基本的中国古典硬木家具的断代知识，能够根据古旧家具残存部件的结构特征，独立进行延伸设计并还原出符合原物特征的整体家具（古旧家具复原工作）；能够手工制作各种硬木家具的复杂榫卯结构、线型与加工工具；能够担任难度较高的硬木家具制作的技术指导和现场技术总监职务；能够组织、指挥硬木家具的制作工作；能够编写成套的硬木家具制作所需的工艺文件；能够凭技术和经验，通过手摸眼看的方法，准确断定硬木家具的材质以及产品制作的结构特征和质量优劣。

种桂友曾独立主持过龙顺成古旧家具修复工作，主持修复、设计、制作了明代铁梨木大翘头案、清代黄花梨春椅、清代老红木方桌、清代铁力床榻套五件、清代红木琴桌等40多件产品；曾为顾客修复的60多件古旧家具都得到了顾客的好评。

2009年，种桂友被认定为国家级京作硬木家具制作技艺代表性传承人。

八、胡增柱（1950年10月—　）

1968年7月，胡增柱经分配进入龙顺成，师承烫蜡老艺人林凤栖师傅，在京作硬木家具制作的重要环节烫蜡工序学习。学徒期间，胡增柱得到了林凤栖师傅的真传。

胡增柱学徒时的第一课就是自己动手制作烫蜡工具，在师傅的言传身教下，在磨活儿、调色、配蜡、擦蜡上，他很快就达到了独立操作的水平，成了一名技术全面的年轻后备人才。

在多年的历练和知识积累下，胡增柱在不同的白茬家具部位的打磨，如何使家具保持整体的平整度、圆润度，烫蜡时处理木材棕眼的填充上，形成了自己独特的工艺技术，尤其在处理家具的棱角上，达到了眼看、手摸就能知道是否圆润饱满，为今后的家具表面处理工艺起到了提升作用。

按照深色红木家具标准，在红木家具制作过程中，允许有3%以内公差的白膘（边材），这些带有白膘的部件，只能用于整件家具的底部或不明显之处。这就需要对此部位进行稍许上色，但调制的水色（用水调制而成）刷上后，时间长久后极易掉色，影响整件家具的美观。为解决这一难题，车间让胡增柱和刘淑英两人进行工艺试验（主要是在各种样板上进行试验）。在试验过程中，胡增柱多次到印染厂、化工厂等处寻找无毒无害的原料进行调制配方试验。他先是以酒精为主，再加入适量的不同色料，经试验，酒精挥发时间过快，刷得稍慢一些就干了，而且效果只比水色稍好一些，还存有少量的掉色。之后，他又采用苏木加黑矾熬制，试验后仍达不到预期的效果。但他没有放弃。在一次与他人交谈时，他偶然听说利用高锰酸钾可能会有效果。第二天，他找来高锰酸钾马上试验。经过反复试验，最终掌握了水的温度、高锰酸钾的浓度的不同比例的配比数据，解决了刷上的水色不掉色的难题，达到了与家具整体色差的一致。经过不懈的努力与对烫蜡这门独特技艺的执着追求，他成功了。

1976年，胡增柱参与了毛主席纪念堂楠木植物桶的烫蜡工作。20世纪七八十年代，先后参与了北京市外贸进出口公司出口家具、北京贵宾楼饭店总统套房中式家具、国际饭店客房中式家具的烫蜡工作。20世纪90年代后，先后参与了中南海毛主席办公室仿香山双清别墅红木双面字台、国家图书馆敦煌遗书楠木盒及楠木书柜、大插屏等家具的烫蜡工作。

九、王来凤（1953年12月—　）

1971年，王来凤经北京市建材局招工分配到龙顺成。进厂培训后，被分配到雕刻车间，师承雕刻老艺人刘双朴师傅学习雕刻技艺。

在跟刘双朴师傅学习雕刻工艺后，王来凤知道了家具上各种各样的漂亮图案不是简简单单雕刻出来的，要经过贴样子、锼活、铲活、凿活、打磨、修光等多道工序，才能把一个精美的家具图案完美地呈现在家具上。

为了更好地掌握技术，王来凤每天晚上都到车间找废料把师傅白天教的技法重新再做几遍。她的刻苦努力、勤学勤练，使她在出徒后很快就能够独立承担起雕刻重任，成了雕刻的技术骨干。

为提高雕刻技艺，使图案雕饰得活灵活现，具有动态感、灵动性，使整体布局、形、神、韵达到完美结合，王来凤找到当时在单位工作的中央工艺美术学院毕业的许以僖，利用业余时间开始学习美术绘画。也正是这一难得的绘画学习阶段，为她日后在雕刻技艺上的厚积薄发奠定了坚实基础。

20世纪70年代末，单位招收新职工补充生产力量，近10名新工人分配到雕刻车间，由雕刻技术较全面的王来凤负责带他们学习雕刻。在工作中，王来凤细致耐心，倾其所掌握的雕刻技术，毫无保留地进行传授，使他们很快就成了企业的骨干力量。1998年，龙顺成成立古旧家具修复中心，王来凤被调到修复车间担任古旧家具修复雕刻工作。其间，曾有一位客户拿来一尊不是很完整的卧佛样品和几张图纸，想仿制一个。接到任务后，她感觉困难较大，一是以前没有做过类似的产品，二是样品不完整，如何恢复样品的原貌是一大难题。为使客户满意，她广泛查阅资料，利用休息时间到寺庙里看实物，了解卧佛的形态、神韵，以及躺着和坐着有什么不同。通过大量的资料收集，最终画出了一张卧佛的图纸，客户看到栩栩如生的作品后非常满意。

王来凤曾参与20世纪七八十年代外贸出口家具、北京饭店贵宾楼等中式家具的雕刻任务，并参与雍和宫古旧家具的修复工作。

十、孟贵德（1954年8月— ）

1971年9月，孟贵德进入龙顺成，经过入厂培训被分配到古旧家具修理班组（当时，一班从事家具配料，二、三班从事木工新家具制作，四班从事古旧家具修理），并师从在硬木家具制作和修理古旧家具方面有着丰富经验和技巧的龙顺成第三代老艺人李喜尧老师傅。

在开始学习古旧家具修理时，孟贵德按照师傅传授的方法，先从拆卸古旧家具学起。在学徒期间，他刻苦勤奋，用心观察、揣摩、领悟师傅在修复中的独特技艺和手法，还利用业余时间查看有限的资料，温习白天修复古旧家具的过程。实践与知识的积累，使他的修复技艺有了很大的提高。学徒期满时，他在考试中取得了很优秀的成绩。经过多年磨炼，他全面继承了李喜尧师傅的制作技艺和修复技能，并在多年修复古旧家具过程中积累了丰富的专业知识。

1977年，因工作需要，孟贵德被调到配料车间负责家具制作的配料、下料工作。在此期间，他对配料工序所使用的各种设备有了充足的了解和掌握。年底，他又被调到配活儿组。该组的工作性质是从旧家具库里把旧家具或部件按不同的年代一一挑选出来，检查每件旧家具缺少的部件，并登记在册，以此为依据对旧家具所缺少的部件按不同年代进行配料。在长达近10年的时间里，他跟随老师傅们学习到了很多以前不知道的知识，如旧家具年代的区分、木料年代的区别，等等。

1986年，孟贵德被分配到厂检验科负责白茬家具的检验工作。1988年，长富宫饭店定制了500把左右的餐桌椅和日式圈椅。为使产品合格率达到100%，他协助并参与召集检验科人员多次开会商讨，制订检验方案，最后决定采取用厚度达8毫米的玻璃做底托来检验椅腿的平整度，最终生产出来的产品均得到了使用方的认可。

1999年，孟贵德成为古旧家具修复中心副经理，并负责古旧家具销售部的货源供应。其间，他参与复制了北京老舍茶馆雕龙三屏风及其他配套家具、王铁成个人收藏的明式金丝楠木圆角柜等多件古旧家具等，还为大量客户修复完成了紫檀嵌丝香几、黄花梨连三柜等多件古旧家具，得到了客户的认可。2001年，他开始负责外交部部分驻外使馆的家具供应工作。

2002年，孟贵德参与修复颐和园延赏斋清代乾隆九屏风的复制工作。依据仅存的几扇残破的九屏风，他与颐和园文物部负责人陈文生共同查找资料，经过多次研讨修改复制方案，使该项工作得到圆满完成，同时，还为延赏斋复制了宝座、脚踏、炕桌及香几一对、掌扇一对等文物，得到了文物部门的认可。同年，他参与为北京大学55号院李政道住所制作一腿三牙画案、玫瑰椅、亮格柜等20多件黄花梨木家具的工作。2003年，参与为外交部修复清代雕漆红木屏风、清代紫檀书柜的修复工作。2004年，参与为北京雍和宫修复清代紫檀屏风工作。

十一、孙占英（1955年3月— ）

1972年，孙占英进入龙顺成，被分配到烫蜡工序工作，师承烫蜡老艺人于西恩学习烫蜡技艺。

学徒初始，孙占英先从打磨家具的门板面儿开始，在打磨过程中，她牢记师傅讲解的工作要领，知道了如何打磨才能使木末自然填充到木材的棕眼里，达到色差和纹理均匀一致，浑成一色（也就是打磨工序中的“以木补木”），而这一独特的技艺，正是京作家具打磨中的绝活儿。

调色也是烫蜡工序的一个关键点，按照深色红木家具标准，在制作红木家具的过程中，允许有3%以内公差的白膘，这就需要根据不同材质对白膘部分进行不同的调色。为学习到这门技术，孙占英利用业余时间跟吕会芝师傅学习调色，在吕师傅的精心传授下，经过几年的勤学苦练，她完全掌握了调色这门技术。

20世纪80年代，龙顺成给一家饭店做的一批仿花梨色的老式椅子，不知是什么原因导致椅子掉色，当信息反馈到单位后，单位找到孙占英，让她解决这一问题。经现场检查，确定了修理方案，为了不影响饭店的生意，他们在饭店最顶层清理出有限的空间，把几百把椅子搬上去，一把一把地仔细修理，五人的修理小组在狭窄的空间里足足干了20多天，最后经饭店和技术部门共同验收，全部达到标准。

2003年，龙顺成为北京香山公园的一个大殿制作了一个高三米、宽两米的红酸枝木雕龙大柜。孙占英利用这难得的机会，在现场带着张会齐、朱兆兰两名徒弟亲自动手，边干边教，倾其所有、毫无保留地传授烫蜡的操作技法和手法。因她性格直爽，平易近人，工作之余，烫蜡工序的其他年轻人都喜欢与她聊天，并向她请教烫蜡环节中相关的问题，她总是很有耐心地一一解答。

在近30年的工作中，孙占英一直从事京作硬木家具与古旧文物家具修复的烫蜡工作，并始终延续着“干磨硬亮”的烫蜡精髓，对京作硬木家具的打磨、调色、烫蜡工艺有着丰富的实践经验。

孙占英曾参与过北京香山公园藏经阁、首都图书馆、北海公园团城、北京贵宾楼饭店、北京丰泽园饭庄、四川饭店、长城饭店等多项重大工程项目家具产品的制作，以及多项珍贵古旧文物家具的修复工作。

2000年，孙占英因达到退休年龄办理了退休手续。但是，因她高超的烫蜡技术，2003年又被返聘继续从事烫蜡工作。2008年，开始从事古旧家具修复的烫蜡工作，直到2012年。

十二、朱瑞珊（1947年11月—　）

1979年，朱瑞珊插队回城后，经考试进入龙顺成，负责京作硬木家具图纸设计。

朱瑞珊从小就喜欢涂鸦，曾跟随北京红灯厂的老艺人“寇美人”学习过工笔画，并在1980年年初北京建材局举办的书画大赛中获得了一等奖。这件事引起了厂领导的重视，决定培养她进入技术科，师承李永芳、吴殿英两位老师傅，学习京作硬木家具图纸设计。

在进入技术科之前，朱瑞珊先在雕刻车间学习了近两年时间的雕刻。在这里，她学到了雕刻图案的千变万化、图案的摆放位置以及烦琐的雕刻技法，为日后设计雕刻图案奠定了一定的基础。

初到技术科，朱瑞珊虚心向老设计师李永芳、吴殿英、陈寿洪等学习家具设计的知识，为加深对不同雕刻图案的了解和认识，她利用空闲时间到车间观察各工种工人的操作细节，如开料、下料、打眼、开榫、组装、雕刻、烫蜡等。这些来自一线的宝贵知识，始终伴随着她，也使她养成了不断学习、细致观察、钻研传统家具的习惯。

1984年，厂里要为广州白天鹅宾馆总统套房做一批中式家具，朱瑞珊承担的任务是画一件明式架子床，这对于从事设计工作时间不长的她来说，难度很大。为了弄清楚架子床的结构，她一头扎进旧库房，爬上爬下地拆解架子床，把每一个部件都测下来，经过反复拆解、观察、琢磨、修改，终于如期完成了架子床的图纸绘制，受到了用户的好评。

20世纪90年代，花市清真寺在恢复宗教活动时，需做一个新的“敏拜尔”（讲经台）。为此，朱瑞珊专程到沙子口清真寺去向阿訇请教，搞清楚伊斯兰教对图案的要求。此项设计，也丰富了她对雕刻图案在不同地域使用的知识。

1991年，为提高综合能力与素质，朱瑞珊报考了东城区职工大学室内设计专业。通过三年的业余学习，她增长了新知识，开拓了设计思路，在传统家具设计理念上有了提升。

1993年，为纪念毛泽东诞辰一百周年，北京香山管理处计划复制毛泽东1949年在双清别墅用的写字台，可是原来的写字台已搬到了中南海丰泽园。既然是复制，就要和原物一模一样，于是，朱瑞珊前往中南海毛泽东故居，实际测量写字台的外形、各个部件的尺寸和图案样式。以往做的写字台，抽屉间的隔板全是采用“上刷槽”，而这张写字台用的是“下刷槽”。为忠实原物，她也就画成了“下刷槽”。在复制过程中，只要一有时间，她就到制作车间各工序查看复制进度和质量，作品完成后得到了香山管理处的好评。

20世纪90年代初，龙顺成接了一批路易式家具的设计制作任务。路易式家具在造型、图案和结构上，每个细微处都和明、清家具不同，尤其是结构上用的是圆棒榫结构。这种榫不是出在家具的部件上，而是将两个需要衔接的部件上分别打圆孔，用一个单独的圆棒（上有螺旋状胶槽）进行连接，而做圆棒榫需要专门的机械设备和技术工人。于是，朱瑞珊与技术科的同事们反复研究和试验，最后决定把传统的榫卯工艺应用到路易式家具上。成品做出后，在效果和使用上都达到了各项技术要求。这次大胆的尝试，也为龙顺成日后开拓家具市场做出了贡献。

朱瑞珊曾参与了北京香山饭店、北京贵宾楼总统套房、北海静心斋、广州白天鹅宾馆、兆龙饭店等多项重点工程项目的图纸设计。

十三、刘更生（1964年10月—　）

1983年，刘更生接班进入龙顺成，师承木工老艺人孙月楼学习木工。

最初学徒期间，因工具使用不得当，刘更生不是被锤子砸出血疱，就是被锯子把手锯伤，他暗下决心，再苦再难也要咬牙坚持，一定要把这门手艺学好。他每天坚持早来晚走，虚心向师傅和同事学习，在师傅的精心传授下，通过他的勤奋努力，很快掌握了京作硬木家具制作和古旧家具修复技能，逐渐成为车间技术骨干。

在30多年的工作中，刘更生先后参与了前门全聚德帝王厅、北京香山公园勤政殿、颐和园公园延赏斋等工程项目的中式家具制作和修复工作。2001年，调入古旧家具修复中心后，他先后参与了大觉寺和外交部古旧家具修复工作，以及客户送修的紫檀凤穿牡丹转桌等大量民间古旧明、清家具的修复工作。同时，他带领制作技术团队，仿制了颐和园公园澹宁堂紫檀一腿三牙条桌、铜包角炕桌等宫廷经典家具。

2014年，亚太经合组织第二十二次领导人非正式会议在北京怀柔雁栖湖举行。刘更生带领龙顺成制作团队接受了为参会的21国领导人制作专用座椅（托泥圈椅）的工作。为体现出中国传统家具元素，团队多次召开专家、技术设计人员研讨会，制订方案，决定采用榫卯结构、一木连做工艺，表面采用水磨烫蜡处理，并与北京积水潭医院专家共同研究，按照人体工程学设计了舒适的坐垫、靠垫，特别是在托泥圈椅的腿部下面，创新设计了可移动的脚轮，使其在使用时更舒适、更方便。同时，他还带领制作团队，完成了24件南官帽椅、16件配套茶几、4件花几和24件坐垫等会议所需家具的制作任务。此项工作在时间紧、任务重的情况下，从选料、制材到交付，他和制作团队人员克服一切困难，圆满完成了任务。

2017年是内蒙古自治区成立70周年。5月，龙顺成接到中央政府赠送自治区12个盟市的国礼“花梨木大座屏”的制作任务。根据7月15日之前完成全部12件作品的要求，刘更生带领制作团队和国管局、清华大学设计老师共同研讨，制订方案，抽调40名技术骨干，攻坚克难，保质保量完成了制作任务。同时，他亲自带队（共分两组），坐绿皮火车、长途汽车上千公里，仅用一周的时间，就将12个盟市的国礼运输、安装、调试等工作全部完成。

2010年，刘更生被评为东城区级非物质文化遗产传承人；2015年，被评为北京市劳动模范。

十四、胡文杰（1963年12月—　）

2004年，胡文杰进入龙顺成负责销售工作。为更好地掌握红木家具的特点，做好销售工作，他利用工作之余求教于龙顺成老艺人李永芳师傅，在李师傅的传授下，他很快熟知了龙顺成的历史文化及红木家具制作等方面的专业知识。由于他曾经有在房管部门工作的经验，对中国古老建筑文化有一定的了解和认知，并具有从事现代家具的销售经验，使他在理解和操作上，能够将古建筑与明、清家具文化很好地相融合，很快形成了一套自己独特的红木家具销售技巧，并能根据不同的消费者实行不同的销售方法，使广大消费者在了解红木家具知识的同时，起到宣传和提升企业品牌的作用。

2013年，胡文杰被任命为龙顺成销售部经理，开始承担起企业产品的销售重任。上任伊始，在全面衡量企业整体销售形势及发展态势的基础上，他发现龙顺成在销售上与同行相比优势不大，龙顺成老字号的优势和影响力不突出；销售人员的销售水平参差不齐，老业务员退休，年轻人员顶不上去，销售团队的业务知识匮乏，致使销售业绩一直处于低迷状态。

为尽快解决这些问题，胡文杰向公司提出了面向社会招聘有经验的业务人员充实销售队伍；对销售人员在红木家具知识、销售策略、客户心理学、文明礼仪服务等方面开展系统的培训工作；让销售人员走进制作车间，实地学习掌握家具制作各工序简要工艺知识，使销售人员对企业产品有一个全面系统的了解。一系列针对性较强的措施的实施，使龙顺成2013年的销售额比上年度翻了一番。

龙顺成博物馆收藏有大量文物级别的明、清古典家具，由于年代久远，缺乏一些相关的文字记载。尤其是龙顺成镇厂之宝——金丝楠木雕龙朝服柜，关于此柜的来历、年代和文物价值更是众说纷纭。为此，胡文杰专门向故宫博物院研究员张志辉教授、业内专家陈峰先生以及来华做学术访问的美国加州红木馆馆长柯惕思先生求教，经考证发现，该柜正面门饰所雕鳞龙为“梅花龙”，铜配件所嵌刻的是“西番莲花”图案，在门拉手吊牌上有蝙蝠出现（在乾隆之前是没有这种图案的），由此认定，此柜源自清乾隆时期，属宫廷御制产品，其品质、制式及地位都属于弥足珍贵的作品。

近年来，红木家具市场普遍出现不景气的状态，销售工作又面临着严峻的挑战，根据龙顺成的发展和红木市场的形势，胡文杰经过市场分析和调研，向公司提出了调整产品结构、充实紫檀类产品的款式和数量、增加经典款式的技术投入及工艺品摆件的设计制作等建议，使企业的销售状况得到扭转，销售再创新高，为企业的发展和良性循环做出了贡献。

第四节

龙顺成京作技艺的发展

京作家具的产生与发展跟京味文化有着十分密切的关系。京味文化与京作家具是相辅相成的一对，同为老北京的传统文化精华。当历史步入21世纪，龙顺成以把京味文化与京作家具文化发扬光大为己任，把弘扬中国传统文化和经营企业文化相结合，在继承传统的基础上，开拓思路，大胆创新，以家具文化为先导，在激烈的市场竞争中，率先打出红木家具文化牌，冲出市场竞争白热化的重围，以京味为主调，以深厚的文化底蕴和纯真的京作风格来吸引市场，形成了以文化促企业发展的经营理念，从而形成了自己独特的企业文化，走出了一条独具特色的传承、保护、发扬传统文化之路。

一、文化营销，龙顺成的发展追求

要说历史，龙顺成可与全聚德烤鸭媲美；要说名气，龙顺成享誉业内和海外。

“经营文化，文化经营”是龙顺成的经营理念。老字号品牌与现代企业文化相结合，使百年龙顺成始终与时俱进，永葆活力和青春。把明、清鼎盛时期的京作硬木家具风格发扬光大，雕饰题材和图案纹样达到意趣横生，并富有深刻的内涵是其毕生追求。龙顺成的能工巧匠秉承古为今用、推陈出新的原则，一刀一凿，精雕细镂，件件都是艺术与文化相融合的经典作品。龙顺成把珍稀木材固有的内涵发挥得淋漓尽致，每件作品均呈现出线条美、简约美、高贵典雅而不落俗套的境界。

2000年年初，为开发旅游资源，吸引国内各界人士和海外旅游人士亲身体验中国传统家具文化的真谛，龙顺成专门成立了旅游办，筹备开发京作家具传统文化旅游项目。3月，经北京市旅游局批准，龙顺成成为北京市旅游定点单位，专门接待国内外宾客参观、体验、购物。此举开创了国内家具行业与旅游业共促发展的先河，同时，也为北京市的旅游业增添了新的旅游亮点。

◎ 北京市旅游定点单位 ◎

龙顺成作为北京市第一家开办旅游项目的百年老字号，凭借着百年信誉和良好形象，相继与多家旅游社团签订合作协议，并通过旅游社团的介绍和宣传，使更多的海外旅游团队在境外就知道了中国首都有一个制作明、清传统家具的厂家——百年老字号“龙顺成”，一个传统老字号的形象开始在海内外矗立起来。

2001年，龙顺成又将绘画、戏曲、文学、鸣虫融为一体，成立了龙顺成文化茶社，又名“五味斋”。此举意味着龙顺成并不是把发展的眼光仅仅局限于京作传统家具上，而是为弘扬京味文化搭台唱戏，更广泛地宣传京味文化。2002年2月，为挖掘京味艺人濒临失传的绝活绝艺，第一届龙顺成京味文化节隆重开幕（至2006年，共连续举办五届），100多位民间手工艺家、戏曲和曲艺票友、作家等聚集于此，共同交流探讨，弘扬京味文化。

在古风古韵的龙顺成文化茶社，你可以欣赏到原汁原味的京作传统家具，使你充分体会到传统文化赋予家具艺术之灵气。在明、清古典家

◎ 龙顺成第二届京味文化节 ◎

◎ 龙顺成梨园新春戏曲联谊会 ◎

具展览室中，你可以欣赏到大量的名人字画，字画与京作家具的相互交融，将中国传统文化之美呈现在眼前。

人类自从有了历史记载以来，就有了昆虫鸣叫的记录。鸣虫文化中的典型代表蟋蟀文化，是中华传统文化的重要组成部分。在北京文化产

◎ 书画展 ◎

业商会的领导下，在北京市工商联文化产业商会的鼎力支持下，成立了北京文化产业商会鸣虫专业委员会（包括蟋蟀、蝈蝈、油葫芦等三大鸣虫及其他各种鸣虫）。2002—2005年，共举办了四届“龙顺成杯北京蟋蟀大赛”。通过举办蟋蟀大赛，企业的知名度和影响力得到了提升，扩大了龙顺成京作硬木家具在市场上的影响。

◎ 2003年，鲁班祠碑落成揭幕 ◎

龙顺成厂长胡文仲是一位对经营文化有着独特见解和做法的人。他曾说过：“我们绝不能浪费珍稀木材，也绝不追求大工业化的规模效应。这样，才可以把珍稀木材最大限度地转化为精神财富和文化作品，我们也才能充分享受到大自然给予我们的回报。”

◎ 鲁班祠碑亭 ◎

为继承鲁班大师精益求精的工作作风，2003年，经与原崇文区有关文物部门协商，龙顺成特意将历史文物鲁班祠碑请入厂内（该碑于2002年北京市改造两广路时，在道路施工中发现），以激励全体员工弘扬鲁班精益求精的工匠精神，并形成以文化促企业发展的经营理念及自己独特的企业文化。2003年，在第二届京味文化节开幕式上，举办了鲁班祠碑落成揭幕仪式。同时，龙顺成与北京文化产业商会联合推出的龙顺成中国书画保真专营店，也于当日揭牌迎客，此举受到北京市政府有关领导的高度赞扬和肯定。

2009年5月，为更好地保护具有历史文物价值的鲁班祠碑，龙顺成特意在位于永外大街64号的公司本部院中央，重新修建了鲁班祠碑亭，将鲁班祠碑敬纳亭中，使这一历史文物得到很好的保护。

为继承和弘扬中国古典家具传统文化，探索运用摄影艺术表现古典家具与人、与人文生活、与人文环境相结合的多样性艺术形式，提升人们对古典家具艺术的欣赏水平，表现古典家具文化在当代社会中的发展趋势，龙顺成与中国摄影家协会、北京文化产业商会联合举办了全国“龙顺成杯”——中国古典家具艺术摄影大奖赛。

文化拓宽了经营之路，文化牌就是把产品文化、营销文化和企业文化融为一体。为此，龙顺成相继举办了马海方京味画展、汪尧民京味画展、著名书画家书画笔会、中国古典家具鉴赏沙龙等多项大型活动；举办了京城爱好者名企环城游、京城知名记者走进龙顺成等大型活动；邀请北京电视台到龙顺成拍摄京作硬木家具制作技艺宣传片；邀请《北京

◎ 马海方、张仁芝、汪尧民京味画展 ◎

◎ 龙顺成蟋蟀文化活动月 ◎

◎ 京城知名记者走进龙顺成 ◎

日报》《北京晚报》《北京晨报》《中国红木》及家具网等媒体记者，到龙顺成参加硬木家具制作技艺交流座谈会。同时，每年参加中国（北京）国际红木古典家具展览会，有效地促进了京作家具与京味文化的有机结合，提升了龙顺成品牌的知名度和影响力。

在以文化为特色实施营销的策略中，龙顺成做的不仅仅是一种营销，而且还是一种文化。员工在营销的过程中把这个理念传达出来，让消费者一起来共享这种艺术和文化。龙顺成企业文化与产品所蕴含的文化形成了一种统一，就是这种统一使龙顺成具有了生生不息的发展源泉和持续前进的动力，它以文化为底蕴、以创造古典艺术为基础，凸显出文化营销的特殊魅力。

“京作”与“精做”的统一、“京味”与“京韵”的和谐，使百年龙顺成始终具有饱满的文化底蕴和内涵。万事如意、福寿长庆、岁寒三友、凤戏牡丹、锦上添花、梅兰竹菊等栩栩如生、赏心悦目的雕饰图案，以谐音、寓意、会意的方法，使京作硬木家具的艺术，在形式和内容上达到了完美的结合，令人赞叹不绝。

二、让古典家具回归历史原貌

古典家具因年代久远，无论是收藏家的藏品还是普通百姓的传家宝，大部分都已经破损，有的甚至已经残缺不全。如果不及时进行修补，其历史文化价值将受到很大影响。但是，如果修理方法不当，破坏了原有家具的结构和风格，老家具的神韵就会荡然无存，修复就会演变成又一次的破坏，其文物价值也会一落千丈。

龙顺成古旧家具修复车间正式成立于1990年，并配套建成了面积达200平方米的砖混结构的修复车间，工作场地宽敞明亮，基础设施完善，设备设施齐全，这为龙顺成开展古旧家具的修复奠定了坚实的基础。2007年，为系统地实施古旧文物家具修复工程，抢救失散于民间的价值不菲的明、清古旧文物家具，龙顺成依托百年老字号的历史积淀和大量库存的珍贵木材资源，成立了古旧家具修复中心，对外展示其精湛的修复技艺，弘扬中国传统文化，提升企业文化内涵。

作为京作硬木家具制作技艺的开拓者和传承者，龙顺成具有强大的品牌号召力和质量保证体系，开展古旧文物家具修复工程，既是传承古典家具传统文化，保护稀有的家具文化遗产，也是把具有古典文化元素的家具变成反映历史原貌、蕴藏文化内涵的艺术品和收藏品。同时，龙顺成在开展修复工程上，具有得天独厚的优势条件，由于历史的原因，龙顺成在过去的几十年间收集了上万件散落在民间的各种古典家具部件，堆满了几个仓库，有的甚至放在室外经受风吹日晒，而这些部件由于都是上好的硬木材质，纵然经过上百年的风雨侵蚀也未腐烂、变形。这为修复工作的开展提供了坚实的基础，可为修复古典家具提供大量的与原家具同年代、同材质的原材料。

对古旧文物家具的保护和修复，是抢救文化遗产的重要组成部分，龙顺成运用独特的修复技艺，把一件件残损的古旧文物家具转换成为一件件具有收藏价值的完整产品，既是对中国传统家具文化的繁荣，满足消费者对古旧文物家具喜爱的需要，也是京城老字号带头推行循环经济的一项重要举措。以“开发古典家具文物价值，创新老字号经营之路”为核心的“龙顺成古旧家具修复工程”的正式启动，标志着京作硬木家具老字号品牌找到了新的利润增长点，同时，也对其他老字号企业在新的形势下如何创新经营模式给予了启迪，受到了业内广泛关注。

◎ 古旧家具修复中心启动仪式 ◎

三、整合资源品牌，金隅托飞龙顺成

传承古典艺术精粹、弘扬传统民族文化是龙顺成始终不懈的追求。一个老字号，在全然不同的社会体制、意识形态、文化取向与经济环境下，始终恪守“百年牢”的传统，沿袭和继承了优秀的文化传统和特有的制作技艺，并始终保持着鲜明的京作硬木家具地域文化特征、历史痕迹、独特工艺与经营特色。百年不变的精品意识、勇于创新的企业精神、执着探索的坚定信念，使龙顺成在商业生命力与文化传承之间寻找到了一个有力的平衡点。为使中国传统家具文化得以更好地传承、保护和发展，2010年，作为京作硬木家具的擎大旗者、国内家具行业唯一的“百年老字号”、中国非物质文化遗产保护项目，在激烈的市场竞争中，以北京金隅集团资源整合为契机，在北京金隅天坛家具股份有限公司的统一筹划安排下，龙顺成获得了新的腾飞良机。在立足企业实际，认真分析市场形势，辨证施治，冷静应对，认真评估市场环境大格局的变化给企业带来的挑战和机遇的同时，确立了“稳固生产规模和效益，加强成本控制，抓机遇，抢先机，壮实自己”的经营发展思路，实施提高产品生命力、质量、品质、服务为一体，让顾客决定产品价值的经营模式。

为适应市场发展的需要，满足广大消费者对京作硬木家具多样化的需求，2011年，龙顺成在北京市海淀区西三旗建材城中路27号改建了5400多平方米的红木古典家具制作车间，有效地提高了企业生产规模，提升了企业品牌产业链。位于北京市永定门外大街64号，面积近2000平方米的展示销售厅，经重新装修后改为龙顺成精品旗舰店，集中展示以黄花梨、紫檀、红酸枝、花梨等名贵木材为主的京作家具精品。整个旗舰店通过分类和样板间模拟的展示

◎ 制作车间 ◎

方法，分厅堂、书房、卧室等不同使用环境和功能进行摆放，陈设古朴而不失典雅，简练而不简单。古色古香的茶几、做工精巧的圈椅、带民族风味的罗汉床、雕着盘龙的顶箱柜，每件都如同艺术品一样，将京作硬木家具的家居文化底蕴，以最直观的方式呈现给顾客。同时，在北三环的蓝景丽家大钟寺家居广场、西三环的居然之家丽泽店开设了总面积达1000余平方米的品牌家具专卖店，使终端销售渠道得到拓宽。

◎ 龙顺成京作精品展示厅 ◎

同时，龙顺成还改建了200多平方米的明清古典家具博物馆，并免费对外开放，供广大京作硬木家具爱好者、收藏者参观、鉴赏，让大众近距离触摸感受中华民族五千年文化的灿烂和祖辈们在生活细节处所流露出来的品位，起到了用视觉、听觉传递企业文化，延伸和发展百年

◎ 龙顺成京作家具博物馆（1）◎

◎ 龙顺成京作家具博物馆（2）◎

企业独树一帜的企业形象的作用，体现出龙顺成百年老企业的价值观。

多年来，龙顺成注重技艺传承和匠师培养，设立了大师专家委员会，组建了包含国家级非物质文化遗产传承人、北京市工艺美术大师等在内的八人大师专家团队，并建立了聘请外部专家制度，同时，组织各工序技术骨干参加北京市及行业内举办的相关技能大赛，提升职工专业技术能力，扩大技术人才队伍，夯实了龙顺成技术骨干的实力。

◎ 修复古旧文物家具 ◎

◎ 参加北京市家具木工手工大赛 ◎

◎ 红木专家张德祥为生产技术人员培训 ◎

◎ 参加北京市"职工技协杯"职业技能竞赛 ◎

◎ 参加全国家具（红木雕刻）职业技能竞赛 ◎

◎ 非遗保护与发展论坛 ◎

自2011年开始，为了营造浓厚的文化氛围，在实施以文化为特色的营销策略中，龙顺成坚持以传统文化为底蕴、以创造古典家具艺术为基础，相继举办了龙顺成京作文化艺术节（自2011年开始，已连续举办七届）、非遗保护与发展论坛、古典家具鉴赏论坛、各种大型文化展会、文博会、电视媒体及网络宣传等活动，彰显文化营销的特殊魅力。

在当今时代，文化与经济相互交融越来越深，文化对企业生存发展的作用越来越重要，提升文化软实力对提升企业实力的意义越来越突

◎ 古典家具鉴赏论坛 ◎

◎《北京晚报》记者采访 ◎

◎ 北京电视台采访老艺人李永芳 ◎

◎ 古典家具鉴赏会 ◎

◎ 鲁班工匠文化主题论坛 ◎

出。这就需要在弘扬企业文化、保持优秀传统文化魅力的同时，还要结合自身特点不断创新发展。龙顺成在150多年的发展与传承中，尽管有过不少起伏，但其承载的传统文化从未间断，在坚持继承、保护、发扬优秀传统文化之时，又不断充实新的文化内涵，较好地促进了企业的创新和发展。

“经典杰作凝聚百师匠心，红木佳品装点万家雅居。”龙顺成自

1862年创立以来，一直坚持自己独有的制作工艺，坚持自己特有的“百年牢”创作风格，坚持“京作”流派的意识形态，在工艺上精耕细作，在品质上精益求精，其制作的每件京作家具已不再是简单的家居生活用品，它已成为蕴含历史文化的艺术载体。

细品龙顺成百年路程，其成功凝聚了几代人的智慧与心血。他们重技艺，多年来，始终以皇家工艺为基础，其工匠技艺代代传承，虽历经百年，但“皇家气势”依然不减；他们重文化，虽有与生俱来的“老北京”味，但不以此为满足，更是四处挖掘老北京艺人濒临失传的绝活绝艺，让其家具的“京味”更浓；他们审时度势，面对竞争激烈的今天，依托北京金隅集团、北京金隅天坛股份有限公司，成功地提升了企业品牌的影响力。

2007年，龙顺成京作硬木家具制作技艺入选北京市级非物质文化遗产名录，2008年，京作硬木家具制作技艺入选国家级非物质文化遗产名录。2010年，龙顺成被商务部再度认定为可保护与发展的中华老字号。2018年，龙顺成京作硬木家具制作技艺又成功入选国家级第一批传统工艺振兴保护名录。

◎ 国家级非物质文化遗产牌 ◎

◎ 北京市级非物质文化遗产牌 ◎

铿锵的声响时时回荡，精湛的技艺代代相传，历经大浪淘沙，面对新的机遇与挑战，百年老字号龙顺成，期待着京作硬木家具制作技艺这朵瑰丽的技艺之花常开常艳，期待着京作硬木家具制作技艺这份宝贵的文化遗产能够延绵不绝。

第六章

龙顺成京作家具代表性作品

第一节 龙顺成京作硬木家具代表性作品

第二节 龙顺成古旧文物家具修复代表性作品

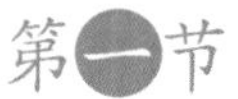

龙顺成京作硬木家具代表性作品

龙顺成是京作硬木家具行业中的擎大旗者。京作硬木家具历经明、清、民国，至今已有三四百年的历史，文化积淀深厚，其家具本身就是一部沉甸甸的历史。京作硬木家具制作中的榫卯结构和烫蜡工艺也为研究硬木家具提供了范本，具有很高的科学研究价值。同时，龙顺成制作的京作硬木家具，作为历史名片，也反映了当时那个时代的硬木家具制作的状况。京作硬木家具作为一种物质载体，承载着诸多传统家具文化的信息，承载着古都文化的意蕴，在某种程度上体现了中华民族的文化传统，也是当时各个层面的历史和文化的见证。

从1862年开始就形成自主品牌的龙顺成，是国内红木家具行业中的老字号，也是目前我国唯一专业从事红木家具设计制作的国有企业。龙顺成京作硬木家具制作技艺能够历经百余年而不衰，就在于这一技艺有灵魂、有精神，它经过一代又一代龙顺成能工巧匠和制作明、清宫廷红木家具的行家里手，把龙顺成的品牌越磨越亮。

在百余年的发展历程中，龙顺成凭借诚心、用心、恒心、精做的理念，利用传承的京作硬木家具制作技艺，先后制作出大量可以传世的精品。

一、明式圈椅

该圈椅造型为上圆下方，暗合中国传统文化中“天圆地方”之说。椅圈为五节，背板上部与椅圈连接处两侧装饰牙条，背板浮雕螭龙纹。四腿均为一木连做，椅腿侧脚收分明显，足间步步高赶枨。座面下三面装圈口，正面圈口牙子浮雕卷草，线条灵活生动，曲线圆劲有力。整体造型简练舒展，稳重大方，装饰适度，是明式家具经典之作。

◎ 明式圈椅 ◎

二、2014年为APEC会议提供的元首座椅及配套家具

2014年，亚太经合组织第二十二次领导人非正式会议在北京怀柔雁栖湖举行。在主会场供各国家元首就座的座椅，就是来自具有150多年传承历史的中华老字号龙顺成制作的经典代表性产品——托泥圈椅。此椅在设计中，根据具体要求，在保持中国古典传统家具特色和韵味的前提下，对传统中式古典家具进行了改良和创新，将托泥圈椅的底部内凹，在内凹处加装上不外露的脚轮，使其既保持了传统家具的韵味，又

◎ 2014年，为APEC会议提供的元首座椅——托泥圈椅 ◎

◎ 2014年，为APEC会议提供的配套家具 ◎

方便了座椅移动的轻便，设计者还与北京积水潭医院专家共同研究，按照人体工程学设计了舒适的坐垫、靠垫。同时，龙顺成还为此次高级别会议提供了雕如意头翘头案、开市锣架、南官帽扶手椅、托泥花台及茶几等，这也标志着龙顺成京作古典家具步入国际大舞台，为更好地传承百年制作技艺写下了浓重的一笔。

三、内蒙古自治区成立70周年贺匾

2017年8月，内蒙古自治区迎来成立70周年大庆，龙顺成承担了为中央代表团向内蒙古自治区赠送贺匾的制作任务。

该贺匾端庄大气，贺匾中部镶嵌有采用南京传统云锦制造技艺制作而成的云锦缎，习近平主席“建设亮丽内蒙古　共圆伟大中国梦”的题词以及蒙语译文，位于贺匾正中，背面绣云纹与七只鸿雁展翅高飞。边框立体浮雕70朵祥云，代表内蒙古自治区成立70周年的光辉历程，中央部分以中国红为底色，暗描亚光金色盘长纹，象征着吉祥、幸福和永恒。

此款贺匾由清华大学美术学院工艺美术系进行初始设计，再由龙顺成深化设计制作完成，贺匾尺寸为3210毫米×800毫米×1920毫米，体

◎ 内蒙古自治区成立70周年贺匾 ◎

形高大、气势非凡。贺匾整体采用缅甸花梨木制作，选料精良，颜色一致，并雕刻着富有民族特色的纹饰。整体结构全部采用中式传统榫卯结构，保证整件贺匾结构完整、牢固、耐用。为运输方便，巧妙地采用了可拆装结构。

木的质感，有跃动的生息；木的纹理，有时光的延续。红木木材花纹美观，材质坚硬、耐久，为贵重家具及工艺美术品上等用材，而该贺匾则是中国古老的传统手工艺精品，两者相合而成的12座“透雕卷草回纹大贺匾”，把京作红木家具之美撒向了辽阔的草原。

四、北京全聚德帝王厅的屏风和宝座

2002年，根据北京全聚德的要求，龙顺成为北京全聚德帝王厅设计制作了屏风和宝座。在设计制作中，借鉴了故宫博物院保存的不同风格的屏风和宝座，并依据全聚德帝王厅的整体布局，结合龙顺成传统制作技艺及全聚德百年传统的风格，设计制作了独具特色的花梨木屏风和宝座。

◎ 北京全聚德帝王厅的屏风和宝座 ◎

五、北京首都机场专机楼元首接待厅的元首宝座和茶儿

2008年，应北京首都机场改扩建指挥部的要求，龙顺成为改扩建后的首都机场专机楼元首接待厅设计制作了具有中国传统文化元素的座椅。龙顺成总工程师田燕波带领设计团队，在参考借鉴中国传统家具的基础上，历经实地测量，反复研讨设计图纸，最终为元首接待厅设计制作了紫檀木元首宝座、茶几和条案共计20多件作品。

◎ 北京首都机场专机楼元首接待厅的元首宝座和茶几 ◎

六、北京历代帝王庙的宝座、屏风和茶几

2001—2002年，应北京历代帝王庙的要求，龙顺成承担了为恢复后的帝王庙文化交流接待厅设计制作太师椅、屏风和茶几的工作。依据其提出的设计要求，综合中式传统家具理念，设计制作了与其文化历史氛围相融合的30多件清式太师椅、茶几等。

◎ 北京历代帝王庙的宝座、屏风和茶几 ◎

七、紫檀雕西番莲嵌珐琅罗汉床、炕桌

仿故宫清中期的紫檀嵌珐琅罗汉床，为紫檀木镶嵌珐琅家具。紫檀木制框架，床靠背和扶手芯板嵌珐琅片。此床为罗汉床中较大尺寸，龙顺成运用积攒多年的紫檀木大料制作而成。床面上三面围子呈七屏式，每屏以紫檀雕刻西洋花纹及绳节纹为框，镶嵌珐琅西洋人物图。床面泥鳅背式侧沿。高束腰以矮柱分界为格，每格皆镶嵌珐琅西洋花纹。鼓腿膨牙，内翻回纹马蹄足。清中期的珐琅制品以贵重的材质、复杂的制作工艺、艳丽的色彩和高贵的品质深受皇家的青睐。此床的珐琅制品全部由北京珐琅厂大师团队依照原物定制而成，并且由国家级非物质文化遗产传承人、中国工艺美术大师钟连盛亲自监制而成。此床为名贵紫檀与珐琅精品的完美结合。

◎ 雕西番莲嵌珐琅罗汉床、炕桌 ◎

八、紫檀嵌珐琅夔龙纹翘头案

此翘头案原物为故宫收藏，紫檀木制并镶嵌金属胎珐琅。案面两端出翘头，两侧卷云头，边抹线脚采用两种不同的造型，较为别致，面边下托腮四周嵌珐琅，直牙板，牙头透雕如意，镶嵌金属胎珐琅片，形象生动、色彩艳丽，与紫檀沉穆的色调形成鲜明对比。两侧腿间嵌雕如意头挡板，寓意事事如意。方形直腿，正面雕回纹，嵌珐琅，侧面雕刻拐纹。此案制式高古，雕刻精美，工艺细腻，为典型清式风格家具。

◎ 紫檀嵌珐琅夔龙纹翘头案 ◎

九、紫檀透雕花卉纹绣墩

此绣墩造型高挑，曲线优美，上下牙板和腿足浮雕拐子纹及宝珠纹，开光内装透雕绳挂“四聚如意”纹卡子花，造型生动流畅，在构图上融汇了中西方艺术特点。此绣墩用材取自大料，雕工精湛，打磨细致，榫卯严谨。视觉效果上给人的感觉是用材厚重却不沉闷，充分显示出匠人高超的艺术构思和加工技巧。

◎ 紫檀透雕花卉纹绣墩 ◎

十、紫檀高束腰外翻马蹄条桌

该条桌紫檀满彻，立沿铲地起双圆线。高束腰的装饰手法颇为繁复，细致的锦地纹轧拐子，疏密有致，相得益彰，借用了剔漆工艺的装饰手法。条桌的轧牙板和桌腿圆角相接，边缘铲地起浑圆的双线，直角罗锅式横枨雕刻有并排的圆线。此条桌的腿足为变体的外翻马蹄，仅在末端做急速的转折，陡直而富有弹性。条桌装饰手法独特，再次印证了清乾隆时期家具制作上求新求异的探索和尝试。

◎ 紫檀高束腰外翻马蹄条桌 ◎

十一、黄花梨明式六螭捧寿玫瑰椅

此椅使用的是龙顺成库房中所保存的珍贵黄花梨部件，为明代玫瑰椅的典型形式，是明式椅子纹饰最为繁缛的一种式样。

此椅靠背镶板透雕六螭捧寿纹。扶手横梁下装券口牙板，靠背及扶手内距椅盘约两寸的地方施横枨，枨下加矮老连接。“外圆内方”腿足，腿间装步步高赶枨。此椅靠背、扶手下券口牙子雕刻拐纹线条，简练雅致。

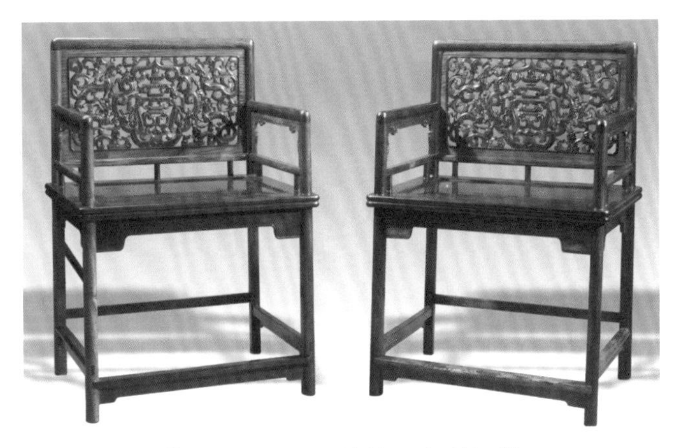

◎ 黄花梨明式六螭捧寿玫瑰椅 ◎

十二、紫檀嵌珐琅花鸟四扇挂屏

此四扇挂屏为清式挂屏，多代替画轴在墙壁上悬挂，成为纯装饰性的品类之一。挂屏通体紫檀木制，屏芯板镶嵌不同形状的铜胎掐丝珐琅铜绘片——圆形、扇形、海棠形，代表着清式的装饰风格。珐琅片为龙顺成早年珍藏的老物件，铜胎上以金丝或铜丝掐出花鸟图案，可见技术之精湛。这是一套非常具有收藏价值的家具臻品。

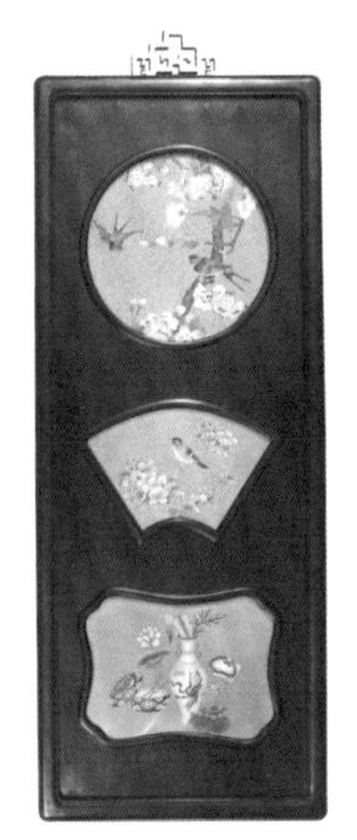
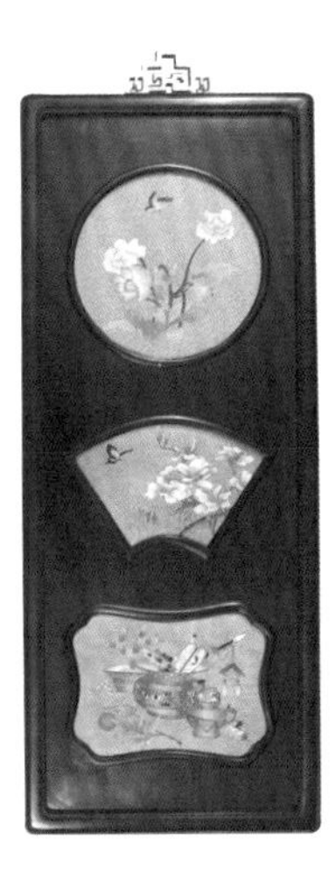

◎ 紫檀嵌珐琅花鸟四扇挂屏 ◎

十三、紫檀有束腰雕福寿纹扶手椅

此椅收录在颐和园出版的《颐和园藏明清家具》一书中，原物收藏于颐和园澹宁堂，澹宁堂是清乾隆皇帝的书房。龙顺成与颐和园在2012年10月签订了合作协议，由龙顺成复制部分家具款式。这款椅子在世存量非常少，极具收藏价值。

此椅造型简洁，格调空灵高雅，尺码宽大，入座舒适。靠背搭脑向上凸起，宝瓶状靠背板宽大且有弧度，铲地浮雕福寿纹和宝珠纹。扶手、靠背装双面浮雕夔龙飞牙。矮束腰，四面牙板铲地浮雕宝珠纹，牙板和腿足圆角相交，边缘起阳线。回纹马蹄兜转有力。此椅比例完美，做工精良，雕饰繁而不俗。

◎ 紫檀有束腰雕福寿纹扶手椅 ◎

十四、紫檀饕餮纹方桌

此方桌攒框镶面，面下低束腰，托腮满雕八达码纹饰。腿子内翻马蹄。牙板及腿子上部雕清代流行的饕餮纹。牙板以下装透雕拐子龙寿字牙条。雕刻装饰图案协调统一，内容丰富，增加了装饰效果。整体雕刻极为精细，具有清代康乾时期紫檀家具的特征。从此桌的雕工精细、用料粗硕的特点不难看出，此桌为此类家具中的精品。

◎ 紫檀饕餮纹方桌 ◎

十五、十二生肖椅

此椅全套为十二件，背板分别雕刻有十二生肖，造型独特，用料娇小，颜色搭配清新沉稳，曲线优美流畅，简洁中富含变化，充分展示出

◎ 十二生肖椅 ◎

紫檀家具的风格特点。

此椅框架选用珍贵的小叶紫檀木，椅背与扶手的装板配以金丝楠木，颜色搭配典雅文静、雕刻凸显，既可以节约珍稀的紫檀材料，又能将紫檀的坚实与楠木的稳定等天然特性充分利用。

此椅由颐和园馆藏，历经战乱流失，至今已多数不存。为展示先辈的智慧结晶，2002年，龙顺成根据其中一件复制出全套家具。

此椅为龙顺成复制家具之精品，具有很高的收藏价值和欣赏价值。

十六、紫檀插肩榫拆装大画案

此案全身光素，只边抹立面用简单的线脚，沿着牙腿起灯草线边，足端略施雕饰。它也因用材重硕、尺寸宽大，故采取可装可卸的制作方法，在插肩榫画案中乃是变体。

此案腿子的看面宽逾10厘米，因而斜肩部分斜达20厘米。牙头、牙条与斜肩嵌插的槽口长，地位低，这对保证支架结构的稳定起到很大的作用，从这里也可以看出云纹牙头不仅是一种装饰，而且有承荷重量和加强联结的功能。

◎ 紫檀插肩榫拆装大画案 ◎

十七、紫檀雕麟龙字台

此种字台乃由架几案形式演变而来，三拿结构，便于搬运。相互间以活销子固定，因其进深宽大，做成双面抽屉，实用且装饰性强，故流

◎ 紫檀雕麟龙字台 ◎

行至今。此字台除桌面外，通体高浮雕，框架采用“起地”工艺，雕刻出紫檀风格中流行的西番莲卷草纹，抽屉浮雕云龙，形态生动。综观整体，华丽而不失高雅。

十八、攒靠背四出头官帽椅

此官帽椅因上部搭脑形状类似“官帽”而得名，又因扶手及搭脑端头长出，被称为“四出头官帽椅”。此椅流行于明代，式样规范，后背

◎ 攒靠背四出头官帽椅 ◎

采用装板攒作，两侧打槽装有飞牙，更具装饰性。前后腿均一木连做，穿过椅面，牢固稳定，下腿外圆里方，内装券口，以增加其稳定性，下拉枨采用“步步高”赶枨，前部下端脚踩枨向前凸出，枨下安装素牙板。

此椅坐感舒适，威严中不失灵秀，舒适中不失高雅，是椅类中典型的成功制作。

十九、紫檀雕蝠珠宝柜

此柜完全采用传统工艺的榫卯结构，纯手工制作而成。拼板均以龙凤榫结合，搁板拐角处扣闷榫，竖隔板间双面雕刻，图案丰富优美，艺术性极强。中间看似一炕琴儿，门芯板雕蝠、磬、牡丹，意为“福从天

◎ 紫檀雕蝠珠宝柜 ◎

降，富贵同庆”，表达了对“福”的美好追求。搁板下安装透雕角牙。柜体分为上下两节，便于搬运。整柜风格高雅，雍容华贵，气势非凡。

二十、紫檀福寿花篮椅

此花篮椅座面攒平装板，直腿带束腰，牙板下配透雕拐子牙角，椅子扶手做成没有边框的“万”字，后靠背做成没有边框的“寿”字造型，意为“万寿无疆”。而背板两侧雕蝙蝠朝向中心，既增加了部件结构的合理性，也充满了意趣。

该椅被收入清代家具研究专家田家青先生编写的《清代家具》一书。说起扶手椅，这里面还有个典故：乾隆为其母庆贺七十大寿，为显示“福寿双全”的美好寓意，由工匠同时做出五种不同造型的扶手椅，其中便有“万寿无疆椅”。

◎ 紫檀福寿花篮椅 ◎

第二节

龙顺成古旧文物家具修复代表性作品

龙顺成拥有100多年的古旧文物家具修复经验，形成了修复古旧文物家具的专门技艺，是古旧文物家具文化的传承者。在修复工作中，可对所修复的器物进行年代的鉴定、材质判断、所使用原料的产地的判断等，并能对不同年代、不同材质的古典家具进行修复，达到修旧如旧，还古旧文物家具原有的历史原貌。

一、北京颐和园延赏斋清代乾隆九屏风

依据北京颐和园延赏斋遗存的4～5扇缺损屏风，龙顺成修复团队广泛查阅相关资料，制订修复方案并绘制修复图纸，经颐和园管理处审批后，修复并仿制了全套的清代乾隆九屏风。现收藏于北京颐和园延赏斋。

◎ 北京颐和园延赏斋清代乾隆九屏风 ◎

二、黄花梨木春椅（清代）

2007年年初，在整理库存古旧家具残损部件时，种桂友和修复部门的同志在一些散乱部件中偶然发现了该家具的部分残损部件，经过认真辨认，首先确认这是一件黄花梨家具残件，在仔细分析它的造型和结构特点的基础上，确认此件家具在某些做法上与竹制家具相仿。搭脑仿圆形竹条枕，靠背、座面和脚凳面平铺木条，仿竹椅平铺竹板，时代特色明显，应该是一件清中期的黄花梨春椅。

◎ 清代黄花梨木春椅 ◎

在仅有的残损部件的基础上（只有椅面边框、下扶手、部分枨子），龙顺成的师傅们依据它的原始结构，通过复原设计，把缺少的部件（腿凳、上扶手、靠背、枕头、椅面木条等）按原始结构的特点与残存的部件进行衔接，画出修复示意图，选用黄花梨材料进行配制。

历时一个多月的修复，一件精美的清中期专供皇族或达官贵人享乐的黄花梨春椅得到了复原。此件产品经过故宫博物院胡德生先生审看，认为恢复得很好。现收藏于龙顺成京作家具博物馆。

三、老红木攒拐纹琴桌（清代）

该家具残件在龙顺成旧木料库被发现时，只有桌面和长牙板，其他部件全部缺损。它的结构很简单，牙板花活非常简练，为一只“蝠”展开双翅缠绕于劈料形制的长枨之上。依据这一特点，相关技术人员通过复原设计，补充了其他部件，一件简练、完美的清代早期造型的琴桌得到复原。现收藏于龙顺成京作家具博物馆。

◎ 清代老红木攒拐纹琴桌 ◎

四、铁梨木活结构条案（元代）

依据龙顺成库存的残缺部件修复完成。此条案案面为独板，腿足为变形螭龙纹样式与牙头及牙条结合，再以双榫纳入案面。桌脚间各安装

◎ 元代铁梨木活结构条案 ◎

一根有造型的横枨，起到装饰及承接力度的作用。该条案整体造型光素简洁，螭龙纹稍加装饰，清秀雅致，属稀有品，造型存世量罕见。现收藏于龙顺成京作家具博物馆。

五、老红木佛龛（清代）

依据龙顺成库存的残缺部件修复完成。材质为老红木，寺庙样式，顶部上帽雕西番莲纹饰，正面对称式设计，设有廊檐、垂花、立柱及围栏、廊檐围子，佛龛多处使用镂空透雕技法，下部围栏饰以透雕卷草纹花板，纹饰通透以利散烟，装饰功用二者兼顾，可谓匠心独具，难能可贵。整体用料考究，攒装牢靠，品相完整，实为难得。

◎ 清代老红木佛龛 ◎

六、紫檀转桌（清代）

龙顺成修复团队依据客户送来的近百件木头残件，在没有图纸和照片的情况下，根据客户依稀像是个桌子的记忆，在清理后根据纹饰和木头断口的形状，将残片一块一块地进行拼图比对，并根据残件上的纹饰勾画出整体的图案，对残缺的纹饰和部件使用同时期的老木料重新制作，再用榫卯结构进行拼接补齐，外表严丝合缝，看不出有拼接过的痕

◎ 清代紫檀转桌 ◎

迹。现收藏于顾客家中。

此外，龙顺成还依据历史档案资料和故宫的文物，为北京香山公园勤政殿恢复了清代朝服雕龙柜、雕龙架几案、雕龙罗汉床、花台等多件清代家具；为北京大觉寺修复了清代花篮椅、四出头扶手椅、大官帽椅、禅凳等近百件珍贵的古旧文物家具。还先后为社会各界古旧文物家具收藏者、爱好者修复了清代红木十字挡方凳、黄花梨灯草线方凳、红木麻将桌、红木棋桌等大量个人收藏的不同年代的珍贵古旧文物家具，而修复其他一般性的古旧家具则不计其数，均得到社会各界人士的好评。

第七章

京作硬木家具小知识

京作硬木家具常用的主要术语

京作硬木家具常用的主要术语有15种。

1. 一木连做

“一木连做”是古典家具采用的一种传统工艺，指由一块木料构成家具的两个或更多的构件。一般多用于家具的腿子、束腰等部位，采用一根木头制成，它可使结构更加合理，家具架构更加牢固及线条更加完美流畅。

2. 包浆

包浆是古玩行业专业术语，指文物表面由于长时间氧化形成的氧化层。“包浆”其实就是“光泽”，它是在悠悠岁月中因为灰尘、汗水、把玩者的手渍，或者土埋水沁、经久的摩挲，甚至空气中射线的穿越，层层积淀，逐渐形成的表面皮壳。

3. 搭脑

搭脑是明、清家具部件名称，指装在椅背之上，用于连接立柱和背板的结构部件，位置正中稍高，并略向后卷，以便人们休息时将头搭靠在上面，故名搭脑。另外，巾架、盆架、衣架上面的横梁也引申称作搭脑。

4. 满彻

满彻是红木家具的一种制作工艺，指制作某件硬木家具只使用单一的材质，而不掺杂其他不同种类的木材。

5. 牙子

指面框下连接两腿的部件，即家具的立木与横木的交角处采用的类似建筑中替木的构件。在家具中，牙子一方面起到支撑重量、加强牢固的作用，另一方面，它又具有极其丰富多彩的装饰功能。

6. 鼓腿膨牙

明、清家具术语。家具在束腰以下，腿子和牙子都向外凸出的做法叫“鼓腿膨牙”。此称见清代匠作则例，北京匠师现仍沿用。

7. 三弯腿

三弯腿是我国传统家具造型的典型式样之一，展现了明、清家具经典的造型美，成为明、清家具的一大亮点，在明、清家具美学体系上有着重要的艺术价值。三弯腿又称外翻马蹄腿，整个脚型成“S”形弯曲，由腿部从束腰处向外膨出，然后再向内收，收到下端，又向外兜转，形成三道弯，以形取名为“三弯腿”。

8. 束腰

明、清家具部件名称，指在家具面沿下作一道向内收缩、长度小于面沿和牙条的腰线。束腰有高束腰和低束腰之分，束腰线也有直束腰和打洼束腰之分。束腰是明式家具的重要特征。

9. 托泥

明、清家具部件名称。传统家具上承接腿足的部件。明、清家具中有的腿足不直接着地，另有横木或木框在下承托，此木框即称为“托泥”。有的托泥之下还有小足，真正着地的是小足而不一定是木框。此部件多见于条案、几类等传统家具，以增稳重之感。

10. 罗锅枨

罗锅枨，明、清家具部件名称。一般用于桌、椅类家具之下连接腿柱的横枨，因为中间高拱，两头低，形似罗锅而命名。

11. 霸王枨

霸王枨是用于方桌、方凳的一种榫卯，也可以说是一种不用横枨加固腿足的榫卯结构。是连接腿子与面带并对腿子起到一种斜向支撑、拉拽作用的部件。

12. 矮老

泛指中国传统家具中，罗锅枨或者直枨与台面或者牙子之间，垂直连接的圆形或者方形部件。矮老是一种短而小的竖枨子，往往用在跨度较大的横枨上。矮老多与罗锅枨配合使用，如桌案的案面下、四周横枨上多用矮老，起到支撑桌面、加固四腿的作用。

13. 伸缩缝

红木家具制作的一种工艺，是指为防止家具构件由于气候温度变化（热胀、冷缩），使家具结构产生裂缝或破坏而特意留的一条几毫米的凹槽。

14. 卡子花

卡在两条横枨之间的花饰。多数是用木材镂雕的纹样。卡子花常用的有双环卡子花、单环卡子花等。

15. 挡板

在桌、案、几等家具的两头腿部与横挡之间镂雕的各种纹饰的装饰性侧板。

京作硬木家具木材加工工艺常用的主要名词术语

京作硬木家具木材加工工艺常用的主要名词术语有12种。

1. 毛料：留有加工余量的工件用料。

2. 净料：毛料经切削加工后达到规定尺寸的工件。

3. 零件：用以组装部件或产品的单件。

4. 部件：由零件组装成的独立装配件。

5. 开榫：在工件端头加工规定的榫舌及榫肩。

6. 打眼：在工件上加工规定的榫眼。

7. 嵌：把物体填镶在空隙里。

8. 镶：把物体嵌入另一物体上或加在另一物体的周边。

9. 截头：一道零部件加工中简单的基本工序。

10. 攒边（框）：利用相应的榫卯结构攒接出所需的部件边框。

11. 刹活：木工装配时，为使部件的肩口结合严密，故用手锯沿肩口结合线切割的加工方法。

12. 楔活：木工把各个零部件组装成产品的过程。

第三节 京作硬木家具的选购

家具是一种生活用品，既要具有实用性，还需要符合现代人的生活习惯和心理要求。但是，由于很多人对于红木家具了解得不够全面，可能会在购买时遇到很多问题。在此，为大家提供几个在购买时需要考虑的小知识，以供参考。

一、造型美

家具的造型是基础，是衡量家具设计水平高低的重要条件。无论是古典的还是现代的红木家具，都要符合造型的基本规律，做到结构上科学合理，比例上协调匀称，否则是不会好看的。现代红木家具在造型上出现了前所未有的形式，不少有特色的造型不仅给人新颖脱俗的感觉，而且能启发人们的创造力和想象力。一套好的红木家具摆在家中，除了具备使用功能，还应具有艺术美，给人一种艺术享受。

二、工艺好

一件家具集木工、雕刻、镶嵌、烫蜡等多道工序于一体，在制作过程中，每一道工序都要做到一丝不苟、精益求精，只有这样才能使产品达到耐看、耐用的要求，让它给使用者永久的艺术享受。

一件家具是否值得收藏首先是看家具的选料是否精良，表里是否一致；看造型比例是不是协调；看雕刻的纹饰是否逼真，栩栩如生；看线脚是否清晰流畅等。再有就是用手感触家具表面是否平滑、光洁，连接处是否紧密等。总之，家具的加工质量是非常重要的，它除了费时费工外，还与匠师的技艺高低密切相关，技术水平低的师傅花再多的时间也不一定能做出高质量的产品。

三、材料真

几个世纪以来，人们都把红木家具视为珍贵的高级家具，不少外国人将红木家具看作中华民族文化的一部分，也都纷纷购买使用，更有甚者，高价购买旧家具来收藏。其重要的原因就是红木家具和其他传统工艺美术品不一样，它反映了中国传统家具的古典美和技艺美。用红木制作的家具不仅材色好、花纹美，而且经久耐用。一套好的红木家具，只要保管得当，是能够传世的，几百年也不会坏，而且不会过时。所以人们在购买家具时，也就自然地将是不是红木作为一个重要条件。

第四节

京作硬木家具的保养

对于高价购进的硬木家具，在兼顾实用性的同时，还要注意在使用中不要让硬木家具遭到损伤，并且还要按时进行维护和保养。在硬木家具的日常维护上，很多人认为如此珍贵的东西打理起来一定很麻烦，其实不然，真正的硬木家具在日常的维护和保养上，甚至比一般材质的家具还要轻松。一般情况下，在最初使用的1~2年，最好在季节交替时进行一次打蜡保养，日久天长，家具表面会更加亮泽、光洁，历久弥新。

一、京作硬木家具的保养

1. 传统的硬木家具一般表面没有漆层，只是烫蜡。但若遭到剐擦、碰撞或磨伤，就要请专家及时修补。

2.京作硬木家具在生产时就留有伸缩层，空气湿度过低时硬木家具会收缩，过高时会膨胀。夏季，要经常开空调排湿，防止木材吸湿膨胀，导致家具变形开裂。冬季，不要把红木家具摆放在离暖气很近的地方，也不要使室内的温度过高。在春、秋两季空气比较干燥时，要适当使用加湿器增加室内空气的湿度。

3. 红木家具要摆放在远离窗户、大门等空气流动较强的位置，不要把红木家具放在阳光强烈的地方。房间内如地板不平，时间长了会导致家具变形，避免办法是用小木头片垫平。如果是平房等地势较低的屋内，地面较潮湿，须将家具腿适当垫高，否则腿部容易受潮气腐蚀。

4. 在移动硬木家具时应轻搬轻放，不要与地面直接摩擦，以免家具面板、柱腿，特别是卯榫结构受损。桌椅类不能抬面，应该从桌子两帮和椅子面下用手抬，柜子最好卸下柜门再抬，可以减少重量，同时也避免柜门活动造成损伤。如需移动特别重的家具，可用软绳索套入家具底盘下提起再移动。

5. 家具表面须避免长期放置过沉的物品，特别是电视、鱼缸等，否则会使家具变形。桌面上不宜铺塑料布之类不透气的材料。

6. 不能用湿抹布或粗糙的抹布揩擦硬木家具，特别是老家具。要使用干净柔软的纯棉布，加少许家具蜡，顺着木纹来回轻轻揩擦。

7. 家具表面应避免与硬物摩擦，以免损伤表面和木头表面纹理，如放置瓷器、铜器等装饰物品时要特别小心，最好垫一软布。

8. 还有一种经常会遇到的情况，就是过凉或过热的器皿或物品（如水杯）放在家具表面上后，会出现一种“白痕”现象，这种现象只是家具表面蜡的自然反应，对木体本身并无伤害。处理起来非常简单，只要用水砂纸打磨一下，上蜡用布擦拭即可。有颜色的液体，如墨水等要绝对避免洒在桌面上。

9. 保持家具整洁，在清洁红木家具的时候，用干净柔软的棉布轻轻擦拭灰尘即可。切忌使用化学试剂，如酒精、汽油、松节油等。为了保护家具表面亮泽、光洁，可以每过三个月擦少许蜡。但在上蜡之前一定要确保家具上的灰尘已经清理干净。

10. 随着时间的推移，家具的颜色会有一些改变，这完全属于材料在空气中的自然反应，不会影响到品质。

二、长期不使用时的保养

1. 家具表面应采取防尘措施。

2. 存放地点定期通风，并保持相对湿度和温度的合理性。

3. 远离热源、水源，避免日光直射。

4. 重新使用时，应按上述保养方法，进行整体保养或由专业技术人员进行保养。

参考书目

BIBLIOGRAPHY

北京市崇文区地方志编纂委员会：《北京市崇文区志》，北京出版社2004年版。

北京市地方志编纂委员会：《北京志·工业卷·建材工业志》，北京出版社2001年版。

北京市政协文史资料研究委员会编：《驰名京华的老字号》，文史资料出版社1986年版。

种桂友：《榫卯》，中共中央党校出版社2017年版。

丛惠珠：《中国吉祥图案释义》，宁夏出版社2001年版。

段柄仁：《北京胡同志》，北京出版社2007年版。

侯式亨：《北京老字号》，中国环境科学出版社1991年版。

李永木：《龙顺·龙顺成·硬木家具厂厂史资料》（内部资料）。

李宗山：《中国家具史图谈》，湖北美术出版社2001年版。

王世襄：《明式家具研究》，香港三联书店1989年版。

附录一 1956年公私合营并入龙顺成木器厂的35家私营企业基本情况

附录

APPENDIXES

1. 龙顺成桌椅铺

开业时间：1862年

经理：魏俊富，合营时投资股金：23.138元。其中流动资产13926.8元

副经理：孙庶选，合营时投资股金：3.672元

东家：傅佩卿，合营时投资股金：5.509元

东家：吴侯氏，合营时投资股金：5.509元

先生：张英魁，合营时投资股金：4.775元

主营：制作修理硬木家具

地址：崇文区晓市大街71号

2. 同兴和硬木家具店

开业时间：1836年

经理：王佩衡

合营时投资股金：3603元，房产、楼房等都用来投资

主营：初创期制作马鞍，后改为收购修售硬木家具

地址：崇文区晓市大街48号

3. 兴隆号木器厂

开业时间：1919年

经理：韩春波

合营时投资股金：9092元。其中流动资产6206元，固定资产2886元

主营：修理收售硬木桌椅，后逐步扩大生产，以仿制清代乾隆年间紫檀家具而著称

地址：崇文区晓市大街70号

4. 义盛桌椅铺

开业时间：1871年

经理：傅有良

合营时投资股金：14.096元。其中流动资金10.309元，固定资产3.787元

主营：修理收售硬木家具，后作坊逐渐扩大，以制作仿明家具而著称

地址：崇文区鲁班馆胡同23号

5. 元丰成桌椅铺

开业时间：1944年

经理：李建元

合营时投资股金：4.178元

主营：制售硬木家具

地址：崇文区晓市大街58号

6. 义源恒木器铺

开业时间：1934年

经理：孙盈洲

合营时投资股金：5.845元

主营：制售硬木家具

地址：崇文区鲁班馆胡同21号

7. 义成福记桌椅铺

开业时间：清同治年间

经理：张获乾

合营时投资股金：1.313元

主营：制售硬木家具，以制作仿明家具而著称。解放前后以出口为其主要销路

地址：崇文区鲁班馆胡同24号

8. 东升永桌椅铺

开业时间：1939年

经理：郭魁霞

合营时投资股金：7.486元

主营：以制作仿明家具而著称，出口为主要销路

地址：崇文区鲁班馆胡同18号

9. 祥聚兴桌椅铺

开业时间：1935年

经理：崔双成

合营时投资股金：10039元。其中流动资金9834元

主营：修理收售硬木家具

地址：崇文区晓市大街57号

10. 福圣祥桌椅铺

开业时间：1912年

经理：高书田

合营时投资股金：7.621元

主营：修理收售硬木家具

地址：崇文区晓市大街59号

11. 乞金贵桌椅铺

开业时间：1949年

经理：乞金贵

合营时投资股金：3.573元

主营：修理收售硬木家具

地址：崇文区鲁班馆胡同24号

12. 长顺德桌椅铺

开业时间：1929年

经理：闫登长

合营时投资股金：620元

主营：修理收售硬木家具

地址：崇文区鲁班馆胡同17号

13. 同兴德木器厂

开业时间：1940年

经理：张耀震

合营时投资股金：2.432元

主营：修理收售硬木家具

地址：崇文区晓市大街甲78号

14. 陆锡璋桌椅铺

开业时间：1946年

经理：陆锡璋

合营时投资股金：不详

主营：买卖旧木器旧材料，1952年开始专门买卖旧木器，后改为自产自销一般家具

地址：天桥木器市场家具摊商

15. 宋福禄木工厂

开业时间：1949年

经理：宋福禄

合营时投资股金：4097元

主营：买卖旧木器，1953年改为自产自销新木器

地址：天桥木器市场家具摊商

16. 贺德福木工厂

开业时间：1950年

经理：贺发福

合营时投资股金：1894元

主营：买卖修理新旧木器

地址：天桥木器市场家具摊商

17. 和平木工厂

开业时间：1951年

经理：任荣

合营时投资股金：6.457元

主营：生产经营订货木制家具

地址：南戎子营11号

18. 广兴桌椅铺

开业时间：1902年

经理：高俊峰

合营时投资股金：15.106元

主营：生产经营榆木大漆家具

地址：崇文区晓市大街78号

19. 京联木器厂

开业时间：1953年

经理：张元栋

合营时投资股金：业不抵债

主营：生产经营一般木器家具

地址：不详

20. 恒义木器行

开业时间：1925年

经理：武清泉

合营时投资股金：2518元

主营：自产自销一般木器家具

地址：崇文区天桥市场二条16号

21. 同兴木器铺

开业时间：1916年

经理：田成堂

合营时投资股金：2.165元

主营：制作经营门窗牌匾木胎，解放后改作经营木器家具玻璃货柜

地址：崇文区天桥大街5号

22. 增茂电锯厂

开业时间：1949年

经理：李奎隆

合营时投资股金：业不抵债

主营：加工零星小径圆木

地址：崇文区磁器口街35号

23. 义圣电锯劈柴坊

开业时间：1951年

经理：王尚志

合营时投资股金：967元

主营：加工木材，出售劈柴

地址：西园子三号

24. 义和成桌椅铺

开业时间：1916年

经理：苏金轩

合营时投资股金：969元

主营：修理收售旧木器

地址：崇文区磁器口街37号

25. 生生木器铺

开业时间：1934年

经理：赵平生

合营时投资股金：476元

主营：经营新旧木器。1955年自产自销玻璃货柜、门窗及一般木器

地址：崇文区东晓市街75号

26. 德源木器铺

开业时间：1928年

经理：王绍敬

合营时投资股金：1049元

主营：经营收售新旧木器，解放后自产自销新木器

地址：崇文区东晓市街辛75号

27. 万顺成木器铺

开业时间：1916年

经理：商文全

合营时投资股金：1295元

主营：经营买卖旧木器，由1941年开始用旧木料自制新木器，解放

后自产自销新木器

地址：崇文区东晓市街甲64号

28. 李菊田桌椅铺

开业时间：1950年

经理：李菊田

合营时投资股金：1234元

主营：自产自销一般木器家具

地址：崇文区磁器口街乙38号

29. 广森祥木器行

开业时间：1950年

经理：赵广勤

合营时投资股金：232元

主营：自产自销一般木器家具

地址：崇文区东晓市街乙75号

30. 周泰和木器铺

开业时间：1926年

经理：周泰和

合营时投资股金：217元

主营：经营收售旧木器

地址：崇文区西唐洗泊街乙45号

31. 聚升木器铺

开业时间：1926年

经理：彭喜龙

合营时投资股金：9844元

主营：经营建筑工程，兼营旧木器旧木料。1952年改为自产自销一般木器家具

地址：崇文区晓市大街66号

32. 通和厚桌椅铺

开业时间：不详

经理：王立本

合营时投资股金：业不抵债

主营：制售硬木家具

地址：崇文区鲁班馆胡同17号

33. 福盛桌椅铺

开业时间：不详

经理：刘福安

合营时投资股金：业不抵债

主营：制售硬木家具

地址：崇文区葱店前街52号

34. 天顺桌椅铺

开业时间：1950年

经理：张春喜

合营时投资股金：业不抵债

主营：制售硬木家具

地址：崇文区鲁班馆胡同16号

35. 兴顺永木器铺

开业时间：不详

经理：巩庆林

合营时投资股金：业不抵债

主营：制售硬木家具

地址：崇文区鲁班馆胡同16号

附录二（史料） 龙顺成的铺规场法

据龙顺成老艺人李永木著《龙顺·龙顺成·硬木家具厂厂史资料》记载：龙顺成是用吃股的办法收买掌柜（经理）、二掌柜（副经理）、管账先生（会计）、头儿（工头）。这些人是前店营业和后场生产的骨干。他们除拿固定月薪，年终根据营业好坏，还可分到红利。东家（资方）通过这些人控制前店的业务员和后场的生产工人、学徒。

龙顺成的工人都是本铺的学徒，他们都是河北省南部的深县、武邑、饶阳、南宫、枣强等县人。这一带土地贫瘠，灾情多，生活困苦，因此这一带的人都特别能吃苦耐劳。进龙顺成学徒，一要有引荐人，二要有铺保，三要立字据。字据上写明“逃跑、病死等一切与本铺无关，家长要赔偿学徒期间的饭钱。不遵守铺规，随时辞退”等。

龙顺成的铺规场法，规定工人、学徒和店员都要尊敬掌柜、先生、头儿、师傅、师哥，对他们的训斥、打骂，不准还口还手，手脚要勤快、干活要出力，手脚要干净（不偷窃、不贪污）；工余时间未经许可不准外出；学徒期间不准回家、不准成亲，不得损坏柜上的物品等。

进铺学徒，期限为三年零一节。学徒期间不挣工钱，柜上只管饭，衣物自理。年终时掌柜赏赐块儿八毛的算是馈送。学徒每天早晨六点起来就得干活，到晚上六点吃饭才算收活，还得上夜工。一天要干十四五个小时。平日没有休假日，只是五月节（端午节）放假一天，八月节（端阳节）放假一天，年节放假六天（除夕至初五日），初六日开工后，可做一两天轻松些的零碎活，到初八日就得大干了，所以有“赖七不赖八”之说。

附录三　龙顺成大事记

1862年，王木匠创办“龙顺”。

1902年，吴姓和傅姓两家入股，将字号“龙顺”改名为“龙顺成”，成立“龙顺成桌椅铺”。

1956年，龙顺成桌椅铺同兴隆号木器厂、同兴和硬木家具店、义盛桌椅铺、元丰成桌椅铺、宋福禄木工厂等大小35家木器作坊公私合营，合营后仍保留“龙顺成”字号，改名为“龙顺成木器厂”。

1959年，经原崇文区政府和市木材工业公司联合决定，龙顺成的一部分工人调入北京市木材厂，将生产硬木家具的工人单独保留，制作上延续传统的京作家具制作技艺。

1963年，迁址到原崇文区永外大街64号。

1966年，改厂名为“北京市硬木家具厂”。

1967年，开始为外贸工艺品公司来料加工制作京作硬木家具产品，成为北京市出口传统家具的专业制作企业。

1985年1月，北京市硬木家具厂与北京市中式家具厂正式合并，改名为“北京市中式家具厂”。

1986年7月，明、清家具专家王世襄到厂参观，并为企业亲笔题词。

1987年3月，注册“龙顺成”商标。

1988年4月，市经委向北京市中式家具厂颁发“市级先进企业证书”和“优秀管理企业证书”。

1989年8月，制定龙顺成《商标管理制度》。

1991年2月，北京市中式家具厂中式装饰分公司开业。

1993年1月，恢复老字号“龙顺成”，改名为“北京市龙顺成中式家具厂”。

1999年3月，被中华人民共和国国内贸易部认定为“中华老字号”。

1999年6月，国家文物局文物研究员、研究明式家具的泰斗王世襄先生随嘉德拍卖行经理等一行来厂视察并座谈，并亲笔为龙顺成题词。

1999年8月，龙顺成古旧家具修复中心、精品家具展示厅开业。

1999年11月，国家文物局文物研究员、研究明式家具的泰斗王世襄先生，瓷器专家、中央工艺美术学院教授及清代家具研究专家等来厂座谈。

2000年3月，被北京市旅游局批准为旅游定点单位。

2001年10月，在北京大学赛克勒考古艺术博物馆举办明清家具艺术展。

2002年2月，举办龙顺成首届京味文化节活动。至2006年，共举办五届。

2002年10月，首届“龙顺成”蟋蟀活动月开幕。至2005年，共举办四届。

2002年12月，通过GB/T19001—2000 idt ISO9001：2000质量管理体系认证。

2003年2月，将鲁班祠碑请入龙顺成，并修建了鲁班祠碑亭。

2003年3月，经北京市工商行政管理局认定，荣获“诚信企业”称号。

2004年11月，通过GB/T24001—2004 idt ISO14001：2004环境管理体系认证。

2004年11月，通过GB/T28001—2001职业健康安全管理体系认证。

2004年12月，经北京市工商行政管理局认定，荣获“守信企业”称号。

2004年12月，被中国建筑装饰协会、中国建筑装饰协会材料委员会授予“优秀企业”称号。

2005年1月，被中国家具协会批准为中国家具协会团体会员、北京家具行业协会常务理事单位。

2005年4月，德国黑森州布郎菲斯市市长率代表团来厂参观。

2007年5月，龙顺成京作硬木家具制作技艺入选原崇文区区级非物质文化遗产名录。

2007年7月，龙顺成京作硬木家具制作技艺入选北京市级非物质文化遗产名录。

2008年6月，龙顺成京作硬木家具制作技艺入选国家级非物质文化遗产名录。

2008年6月，被国家体育场工程北京城建集团总承包部授予北京奥运会国家体育场建设工程“优秀供应商”称号。

2008年11月，龙顺成制作的21件紫檀家具进入首都机场专机楼元首接待厅。

2009年6月，“龙顺成”商标被北京市工商行政管理局认定为“北京市著名商标”。

2009年8月，荣获2008—2009年度北京家居行业景气品牌大奖。

2009年9月，召开龙顺成1969年为天安门城楼制作的电视柜回归新闻发布会。

2009年11月，参加第四届中国北京国际文化创意产业博览会。

2010年2月，参加在金源新燕莎购物中心举办的北京市“非遗”保护成果大展。

2010年3月，龙顺成并入北京金隅天坛家具股份有限公司。

2010年6月，参加原崇文区举办的“非遗”保护成果大展，并荣获“非遗保护先进单位”称号。

2010年6月，参加在首都博物馆举办的“中国非物质文化遗产数字化成果展”。

2011年11月，荣获环渤海地区五省市建材行业“诚信企业”称号（AAA级）。

2012年7月，荣获2011—2012年度家居行业景气品牌“最佳文化风尚”奖。

2012年10月，被北京市产品评价中心评为“2012年北京市企业品牌建设先进单位”。

2012年12月，举办首届“京作”文化节。至2017年已连续举办六届。

2013年2月，“龙顺成”商标再次被北京市工商行政管理局认定为“北京市著名商标”。

2013年6月，被中国十八省市家具行业评为2013年度“诚信企业”。至2017年连续被评为“诚信企业”称号。

2013年6月，被中国十省市家具行业评为2013年度“环保家具”知名品牌。至2017年连续被评为“环保家具”称号。

2013年6月，荣获2012—2013年度中国家居产业（北京）十大奢华家具品牌。

2013年7月，被中国家具协会评为“中国红木家具优秀企业”。

2013年10月，运用传承的修复技艺，开始为北京故宫博物院修复木器文物。

2013年11月，参加第八届中国北京国际文化创意产业博览会。

2014年3月，获北京市企业品牌建设先进单位称号。

2014年4月，获2014年度北京市诚信创建企业称号。至2017年连续获得该称号。

2014年5月，龙顺成“托泥圈椅”被推荐为第一批北京老字号最具代表性产品。

2014年6月，龙顺成品牌获2014消费者最信赖的红木家具品牌奖。

2014年9月，参加在农展馆举办的首届“中华杯”最具收藏价值古典家具精品大奖赛。

2014年9月，获第十一届“北京礼物”旅游商品大赛优秀奖。

2014年12月，参加第九届中国北京国际文化创意产业博览会。

2015年3月，被北京市家具行业协会评为“北京品牌”企业。

2015年6月，龙顺成产品“托泥圈椅”获2015消费者最喜爱的红木家具产品奖。龙顺成品牌获2015消费者最喜爱的红木家具品牌奖。

2015年7月，龙顺成获2014—2015年度中国家居产业（北京）十大红木家具品牌。

2015年7月，参加全国工艺美术博览会。

2015年10月，龙顺成获2014—2015年度中华老字号传承创新先进单位称号。参加第十届中国北京国际文化创意产业博览会。

2016年11月，龙顺成产品“托泥圈椅（APEC款）”，经中华老字号时尚创意大赛专家评审委员会评审，荣获“2016年度中华老字号二十大经典产品”称号。

2016年11月，经中华老字号时尚创意大赛专家评审委员会评审，龙顺成荣获“2016年度中华老字号百年功勋企业”称号。

2017年1月，龙顺成主办、东城区非遗保护中心协办的京作非遗臻品联展开幕，景泰蓝、玉雕、牙雕、砑花葫芦、“泥人张”彩塑、毛猴、北京鸽哨等非遗传统项目参加联展。

2017年8月，龙顺成五名雕刻艺人参加了全国家具（红木雕刻）职业技能竞赛京津冀涞水赛区选拔赛，并获优秀奖。

2017年10月，再次荣获环渤海地区七省市建材行业“诚信企业”（AAA级）称号。

2018年5月，龙顺成京作硬木家具制作技艺入选第一批国家传统工艺振兴目录。

2018年8月，宁夏回族自治区成立60周年，龙顺成承担了为中央代表团向宁夏回族自治区赠送国礼的制作任务。

2018年12月，位于海淀区西三旗建材城中路27号、面积达12000平米的龙顺成国家级京作非遗传承基地正式落成启用。

后记

AFTERWORD

在接到为北京民间文艺家协会编写非物质文化遗产系列丛书之一《龙顺成京作硬木家具》的任务后，我既感到振奋又感到责任重大。感到振奋的是，这是龙顺成自1862年创立以来编写的第一部书，肩负的重大责任是要全面、真实记录龙顺成的历史和发展，技艺保护和传承等全部内容。由于龙顺成整体资料缺失严重，现存资料较为散碎，靠口传身授的技艺资料需要找退休老艺人进行大量采访录音等一系列工作，我深感完成这样一部著作存在着一定的难度。

北京金隅天坛家具股份有限公司董事长张金中、北京市龙顺成中式家具有限公司经理高自强非常重视和关心本书的编写工作，首先组织了编委会，聘请北京民间文艺家协会副主席、北京文化艺术活动中心研究馆员石振怀，原崇文区非遗办公室主任、原崇文区文化馆研究馆员武良田等专家参与本书的指导和编写工作，并多次组织召开专题会议，通过论证确定了编写内容，制定了编写大纲条目及进度安排。龙顺成各部门相关人员积极参与配合，提供了大量资料，提出了很多好建议。聘请的退休老艺人非常支持本书的编写工作，使采访录音录像工作顺利完成。在领导的大力支持和帮助下，通过大家共同努力，编写工作得以顺利开展。

本书的编写得到了北京市文学艺术界联合会、北京民间文艺家协会、东城区文化委员会和非遗保护中心的关心和支持。本书编委会成员吴海峰发挥技术特长，整理榫卯结构、雕刻纹饰等内容；王雪君冒着酷暑，多次往返于博物馆、档案馆等地，查找资料，使一些缺失的资料得到补充；胡文杰在遴选联络老艺人做好口述史的基础上，寻找并提供了很多翔实资料；高海松准确无误地做好老艺人口述史的录音录像，以及资料的剪辑保存；王文光以自身木工的经验和阅历，整理了制作工具的翔实描述等。他们在面对编写中的困难时，勇于担当、发扬奉献精神，为本书的顺利完成做出了贡献。龙顺成老艺人李永芳、李永木、种桂友、孟贵德、胡增柱、王来凤、孙占英、朱瑞珊、马青竹、董占泽，以及陈翠芬（陈书考之女）、李铁金（李建元之孙）等人为本书倾注了大量心血，从不同方面提供了大量的翔实资料。值得一提的是，李永木老艺人在生前亲笔撰写的《龙顺·龙顺成·硬木家具厂厂史资料》一书，为本书编写提供了宝贵的历史资料。李永芳老艺人在本书即将完稿之时因病去世，为京作硬木家具制作技艺的保护和传承留下了一大遗憾。在此，向为本书做出贡献的所有单位、专家、同人和朋友们都表示深深的谢意！

本书编写内容真实全面，注重突出历史重要节点，传承脉络清晰，技艺工序特点鲜明。从龙顺成创始人王木匠，到现在传承到第五代；从龙顺成当年一间简陋的小作坊，发展到今天集硬木家具和高端工艺品制作、古旧文物家具修复等于一体的行业擎大旗者；从2008年龙顺成京作硬木家具制作技艺入选国家级非物质文化遗产保护名录，到2018年又入选第一批国家传统工艺振兴目录，本书对龙顺成每个历史时期取得的重要成就、每一代传承人做出的重要贡献都进行了详细记录。在专家多次指导下，本书稿历经三次修改补充完善，圆满完成了编写任务。

本书在编写中坚持高标准、严要求，对相关人员的采访内容力求准确无误，但因他们经历的事情时间跨度较大，在某些方面可能与实际存在一定误差；书中力求图文并茂，由于部分图片年代久远或受当时拍摄条件的限制还不够清晰或不够理想；由于本书编写时间较紧，加之编写水平有限，有些内容还可能存在遗漏和不够准确之处。以上诸多不足恳请各位专家、学者、读者朋友们给予谅解，对本书存在的问题请给予指正。

本书的编写和出版，为龙顺成京作硬木家具制作技艺这一国家级非物质文化遗产项目留下了一套较为完整的文献资料，这也是我们这一代人应做的工作。在此，也希望通过此书的出版，让中国传统家具文化进一步得到发扬光大，开放出更加璀璨绚丽的花朵，使这项民族传统技艺流芳百世千秋。

邸保忠

2018年12月